最详尽的手工皂 DIY 教科书

〔韩〕金永花 著
郑丹丹 译

河南科学技术出版社
· 郑州 ·

著作权合同登记号：图字16-2013-058

图书在版编目（CIP）数据

最详尽的手工皂DIY教科书 /（韩）金永花著；郑丹丹译. —郑州：河南科学技术出版社，2015.8

ISBN 978-7-5349-7762-6

Ⅰ.①最… Ⅱ.①金… ②郑… Ⅲ.①肥皂-制作 Ⅳ.①TQ648.63

中国版本图书馆CIP数据核字（2015）第077474号

出版发行：河南科学技术出版社
地址：郑州市经五路66号　邮编：450002
电话：（0371）65737028　65788613
网址：www.hnstp.cn
策划编辑：李　洁
责任编辑：杨　莉
责任校对：徐小刚
封面设计：张　伟
责任印制：张艳芳
印　　刷：北京盛通印刷股份有限公司
经　　销：全国新华书店
幅面尺寸：170 mm × 235 mm　印张：20　字数：310千字
版　　次：2015年8月第1版　2015年8月第1次印刷
定　　价：58.00元

如发现印、装质量问题，影响阅读，请与出版社联系并调换。

比名牌产品更显优雅气质的芳香配方

序 PROLOGUE

一册在手，尽享芬芳生活！

“怪不得你的皮肤这么好！”

当我告诉大家自己是一名香熏理疗师时，这是众人不约而同脱口而出的一句话。

但事实上是，在二十多岁正当青春靓丽之时，皮肤却成了我最大的苦恼。最初接触芳香制品也正是由于我的皮肤问题迫切需要解决。那时，能够系统学习制香知识的场所并不多见。由于我的肤质属于干性，而且对于几乎所有市面销售的化妆品均有过敏反应，因此每天不得不素颜出行。就这样，我在无意中了解到天然香皂和化妆品，最初并未抱太多希望，抱着试试看的心情，准备最后一搏。不承想，一边学习制香知识，一边尝试使用天然香皂和化妆品，干性肤质居然奇迹般发生转变，皮肤开始焕发全新光彩。最初我只是使用香皂和护肤水，后来渐渐地开始制作并使用洗脸、沐浴后所需的一切护肤用品。

虽然是从零星的知识慢慢起步，但我坚持认为系统的学习是有百利无一害的。尽管当时相关书籍很少，专业人士屈指可数，但我仍然坚持参加各种协会的讲座，四处找寻相关书籍阅读。加上自己所学的专业是食品营养学，对于天然原料的理解有一定功底，更有助于深度学习。这样日复一日地坚持，谁承想后来韩国颇具知名度的香熏理疗师也会来听我的讲座，向我请教配方等问题呢。

我目前在韩国规模最大的芳香产品企业Saerohands担任专门讲师。供职在这个规模庞大、信誉度高的企业，使得各种各样的顾客找到我，咨询并购买相关产品，参与芳香课程。渐渐地，我能够更加贴近顾客，近距离倾听他们的真正需求。

但当我翻阅目前出版的和天然香皂及化妆品相关的书籍时，却发现，书中内容与人们的需求往往背道而驰。书中过多地将焦点放在配方上，而没有真正参透人们的现实所需。有的书中仅预防粉刺的香皂配方就50余种，有的书中则满是花样华丽、作用微小却制作复杂的配方。这些仅仅能够使香熏理疗师自身得到满足，却全然将大众的需求抛之脑后。不仅如此，书中错误百出的配方也屡屡可见。

由于长久以来系统学习芳香理疗知识而充满自信的我，看到类似的图书，不禁动了写一本人们真正需要的书的念头。

本书以天然香皂、化妆品以及近来人气飙升的蜡烛配方为中心，还网罗了实用的生活洗涤剂、芳香剂、除臭剂、软膏等配方。在适用于粉刺性皮肤、过敏性皮肤、干性皮肤、油性皮肤和婴儿皮肤等多种肤质的配方中，精选满意度高且易于制作的配方。因此，这本书无论是对梦想成为香熏理疗师的人，还是普通大众，都极具实用性。此外，为了扫除对天然香皂外形单调的偏见，书中设计出了无数紧跟时代潮流的精致造型。相对品牌产品毫不逊色的外观加上高品质保证，一定能够使您的家庭氛围步入更高层次。

在书的结尾部分，特意细致添加了在授课过程中大家常遇到的疑难问题的说明。此外根据基础油、添加物、芳香剂的种类及功效进行了详细说明，帮助您正确选择适合自己的原料。

拥有这本书，您自己也能够制作出改善肤质的芳香用品。

在此，对助我完成本书的李在勋代表、张闵寿本部长（韩国的一种职位名称），以及姜美淑讲师、表善儿讲师表示衷心感谢。

金永花　写于适合做香皂的美丽秋日

目 录

CONTENTS

PART 1 准备

WARMING UP

PART 2 熔化塑形法制香皂

MELT AND POUR

PART 3 冷制法制香皂

COLD PROCESS

CONTENTS

PART 4 热制法制香皂

HOT PROCESS

PART 5 芳香化妆品

AROMA COSMETIC

PART 6 芳香之家

HOME AROMA

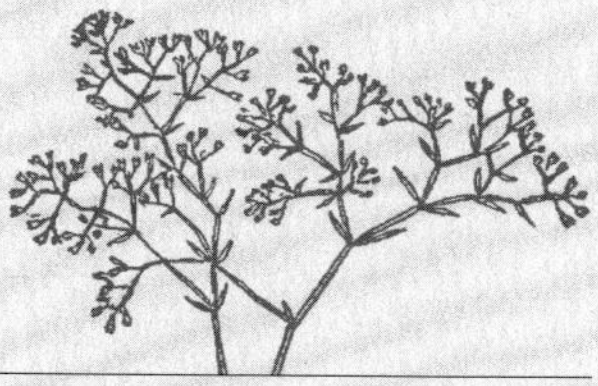

准备

PART 1

WARMING UP

清香家庭，亲手打造

先来环顾一番我们的家，看看各种洗护用品，如香皂、护手霜、沐浴露，以及近来流行的蜡烛及芳香家用散香棒……我们正在使用着的这些生活用品，虽然大部分都是合成制品，但很少有人会仔细思索，它们会给我们的身体造成何种影响。大家对于食品健康不断给予高度重视，但对含有化学成分的生活用品的关注则少之又少。

让我们仔细想想，将这类生活用品都替换成对身体有益的天然制品会如何呢？添加天然精油制成的香皂，在熟成过程中产生的甘油，能够增强皮肤保湿功效，且利于皮肤直接吸收精油中富含的天然营养。天然芳香制品使用天然精油、天然植物性色素（粉类），不添加人工防腐剂、增黏剂、固化剂、表面活性剂等对人体有害的化学成分，具有皮肤亲和性的原料不会对敏感性皮肤造成刺激。特别是婴儿娇嫩的肌肤、过敏性皮肤、粉刺性皮肤等受各类皮肤病困扰的肤质，若能够持续性使用，则有助于恢复健康肤质。

有的朋友虽然对天然洗护品有所了解，但苦于价位过高。百货商店的专柜或化妆品连锁店陈列的天然芳香产品虽然充满吸引力，但令人咋舌的价格还是使人望而却步。但天然芳香制品并非与我们无缘，因为我们可以亲手制作哦！以合理的价位自己制作使用。即使市面销售的制品崇尚纯天然，但为了流通，还是会不得已添加合成防腐剂或其他添加物，我们自己动手制作，则能够消除此类困扰。还有比自己动手更好的方法吗？

您觉得又难又麻烦吗？在这里我向您保证，绝对不难。您只需要抽出零星的空闲时间，就能够制作出既安全又呵护皮肤的天然芳香制品。而且，还可以利用美观的造型达到装饰效果，可谓一举多得。当您阅读完这本书，也许您就能够发觉，提升我们生活质量的方法原来就在我们身边。

工具及原料

电陶炉

电子秤

烧杯（玻璃，不锈钢）

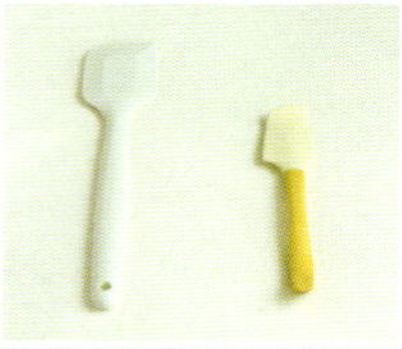
勺子

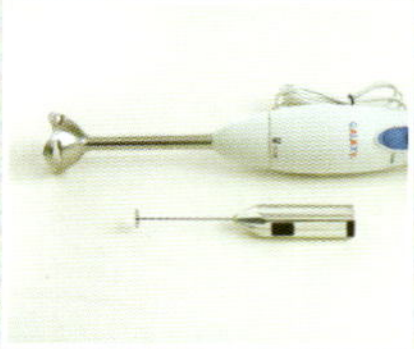
搅拌器、化妆品搅拌器

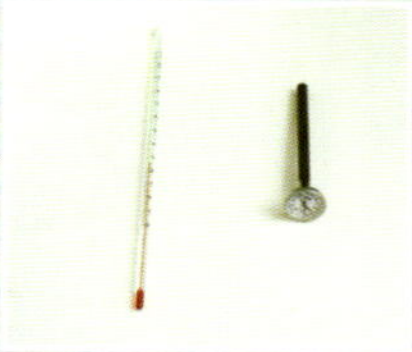
温度计

各种模具

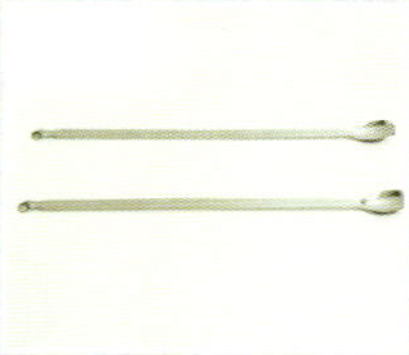
计量勺

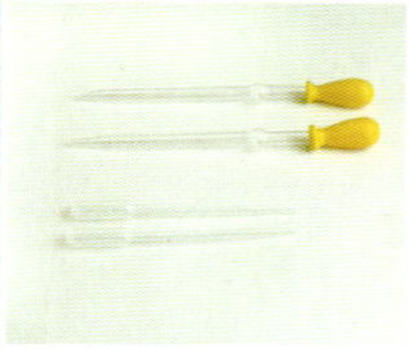
玻璃吸管

切皂器

橡胶手套，防毒口罩，围裙

毯子

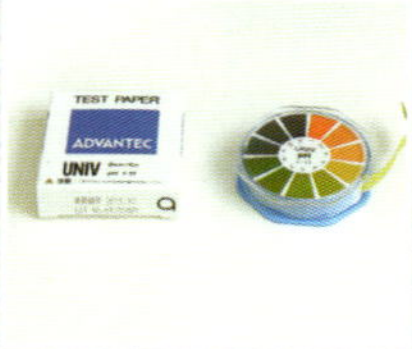

pH试纸

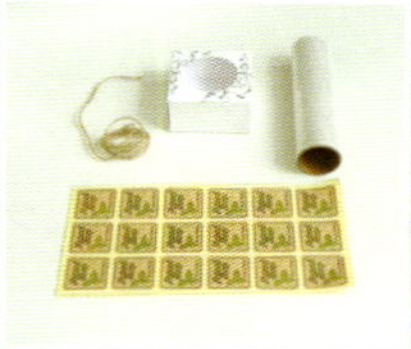
保鲜膜及包装材料

各种容器

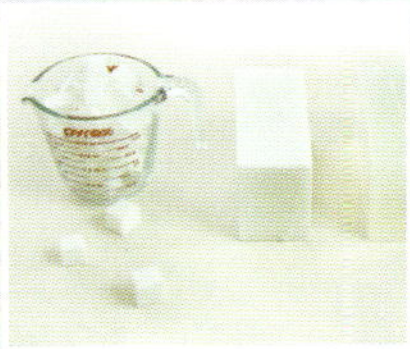
皂坯

基础油

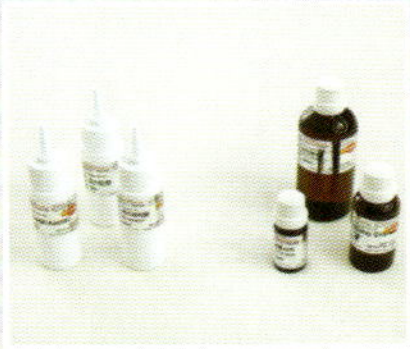
天然精油，香精

功能性添加物

乙醇

苛性钠

苛性钾

精制水

皂化水

粉及干香草

蜡烛用蜡及综合辅助剂

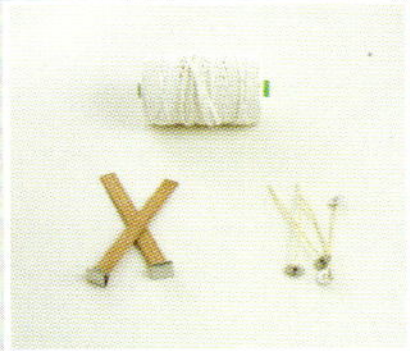
蜡烛芯

蜡烛模具及离型剂

化妆品添加物

化妆品乳化剂

用语辞典

1. 皂化saponification

皂化是指油脂在碱中分解、中和，从而生成香皂及甘油的过程。一般在天然油脂中添加苛性钠或苛性钾进行皂化。

2. 皂化价saponification value

每皂化1g油脂所需苛性钠（苛性钾）的量称为该油脂的皂化价。依照油脂的种类不同，其皂化价也有所不同。（参考P.319）

3. 减碱discount (DC)

使用冷制法（CP）制作香皂时，为了达到保湿效果，比照将油脂完全皂化所需苛性钠的量适当减量添加的方法称为减碱。考虑到碱量过少，皂易发生酸败，所以减量控制在10%以下，且必须添加保存剂（维生素E）。根据不同肤质比例有所不同，油性皮肤5%以下，干性皮肤及婴儿皮肤5%~10%。

4. 加碱overcount (OC)

与减碱相反的概念，加碱是指在使用热制法（HP）制作香皂时，加量添加苛性钾的方法。目的是提升彻底皂化后制成的香皂的透明度和清洁力。

5. 稠化trace

稠化是指油脂在皂化过程中产生黏度的状态。CP香皂中将部分熔解的香皂盛出并倾倒时，如果能够留下搅拌后的痕迹（比如能画出明显的“8”字），则开始放入添加物。HP香皂中需要达到过稠化状态。根据不同油脂的特征，稠化的时间点有所变化。

初期

正常

过稠化

6. 超脂superfat

为使用CP法制作出柔和的香皂，在稠化阶段，除了与苛性钠发生反应的油脂外，另外添加多余的油脂，使其留存在香皂内部的方法称为超脂。添加总油脂量的5%以内，并添加保存剂防止酸败。

7. 皂化水saponification water

皂化水是能够替代苛性钠的液体，刺激性及毒性小于苛性钠。如果直接制造苛性钠水溶液会产生有害气体，使用皂化水则不产生此类气体，所以在室内操作更便捷、安全。但由于其仍具有强碱性，若不慎溅入眼睛或皮肤上，需立即冲洗干净。皂化水在室温环境下保存时间越久，越利于皂的熟成，能够变得更加纯净。皂化水的皂化价宜控制在油脂量的42%~45%，但非精制（初榨）油脂（如特级初榨橄榄油、米糠油、琼崖海棠油、玫瑰果非精制油、火麻仁初榨油、牛油果初榨油、乳木果油等）易发生快速稠化，因此皂化价控制在油脂量的40%以下为宜。

8. 香皂膏paste

香皂膏是指制作HP液体皂或洗面奶时，在稀释之前的糊状物。

9. 乳化剂emulsifier

乳化剂是油脂与水混合制成稳定的乳液时使用的物质，是表面活性剂的一种，主要在制作化妆品过程中使用。

10. 天然精油essential oil（EO），香精fragrance oil（FO）

散发清香的精油分为具有天然清香的天然精油和具有人造清香的香精。一般常使用天然精油，但希望长久留香，或使用高熔点蜡制作蜡烛时，也可以使用香精。

制作前注意事项

1.请时刻保持适当温度

天然原料对温度较为敏感，请注意不要超过既定的加热温度。

2. 请加入适量添加物

请丢掉贪念。无论是多好的东西，使用过头就成了毒。

3. 请注意消毒及清洁

由于天然原料不添加人工防腐剂，因此要格外留心对手和容器消毒，从而保持纯净状态。

4. 请注意检查保存日期

各类产品虽不尽相同，但一般天然香皂可保存1~3年，天然化妆品在冷藏状态下可保存3个月。

5. 请注意原料保存方法

请保存在阴凉处，防止变质。

6. 请巧妙运用保存剂

天然原料易氧化。一定要添加抗氧化剂或阻止细菌繁殖的天然防腐剂，令皮肤尽情吸收天然原料中的营养。

7. 建议在举办讲座的企业购进原料

建议在严格遵守保存方法及保质期限的店铺购买天然原料。给您一个小提示，您可以在经常开展讲座的企业购入原料，参与讲座的学生能够验证原料优劣，使用更安心。网上购买时，请先参考顾客评论再决定是否购入。

8. 请确认原产地、保质期限

生活日用品在工厂中统一生产制造，而天然原料则大不相同，其根据原产地的不同，质量也不尽相同。所以，仔细确认原产地和保质期限是基本工作。

9. 在使用苛性钠及苛性钾时多加留意

因为是强碱性物质，应绝对避免接触皮肤，所以请穿着长袖衣服并佩戴手套。若不小心接触到皮肤，请用清水冲洗后，再用加水稀释的食醋再次冲洗。此外，应佩戴口罩，防止吸入有害气体，并在通风良好的环境下操作。溶解苛性钠时，“在精制水中一点点倒入苛性钠”并进行搅拌。若一次性大量倒入，会迅速发生化学反应，引起爆炸，请务必谨慎操作！在溶解苛性钠的过程中，请使用不锈钢或耐高温塑料、玻璃工具，避免使用钢精锅、薄塑料容器。同时，还应避免接触空气，并保存于阴凉处。

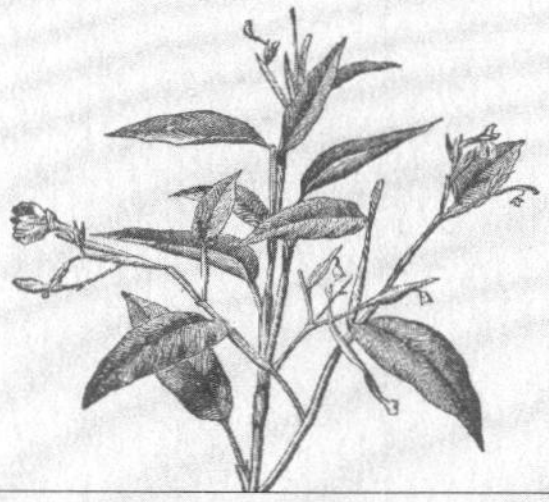

熔化塑形法制香皂

PART 2

MELT AND POUR

熔化塑形法制作香皂，如此简单！

熔化塑形法（Melt and Pour，MP）制作香皂，是将制成的皂坯熔化后添加保湿剂、天然粉、天然精油后倾倒入模具中，凝固成形即可。

但因为制作过程中需使用火，所以在操作过程中避免让孩子靠近。即使制作的量不多，也要在足够大的容器内倒入适量原料加热，并防止原料溢出。

制作MP香皂时，在各式各样的模具中添加喜爱的色素粉，依照您的创意，制作出或华丽或自然的各种式样尽情使用。

那么，我们来了解一下MP香皂的重要原料——皂坯吧。皂坯的颜色大致分为透明和白色（不透明）两种。如果您希望使用干香草制作出自然的香草模样的香皂，那么请利用透明皂坯。如果您希望制成五彩香皂，则请使用白色皂坯制作出朦胧高贵、无光质感的香皂。加热已经制成的皂坯，会产生气泡。此时，在喷雾器中添加乙醇进行喷洒，气泡会随之消失，光滑的香皂就会显现在您面前。若留有气泡，香皂表面会泛白，且出现孔洞，影响美观，因此请记住此方法。

您苦于无处寻找美丽的模具吗？那么请巧妙使用便于购买的纸杯吧。添加色素后，即使使用纸杯，您依然能够制成华丽的香皂。

在天然香皂中，MP香皂对湿气尤为敏感。因此，从模具中将其取出后请立即用保鲜膜进行包装并存放在干燥、通风处。在雨季，请放入防潮剂并密封保存，防止湿气的渗透。MP香皂的保存期为1年左右。相对一般的香皂盒，建议您使用悬挂在墙上的香皂盒盛装保管，这样可以避免香皂变得湿软，有助于长期使用。

MP香皂基本配方

<100g 分量>

主原料
皂坯 100g

添加物
甘油 1/2茶勺*
粉类 1/2茶勺
维生素E 5滴

乙醇 适量

天然精油
个人喜爱的精油 约1茶勺

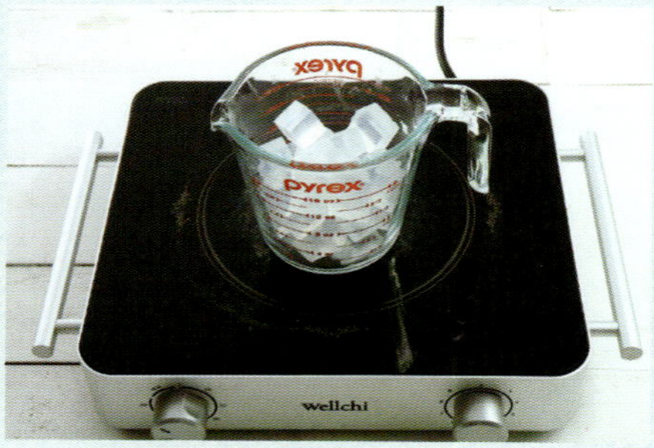

1. 将皂坯切割成萝卜块形状放入烧杯，加热熔化。

可使用电陶炉或微波炉，使用微波炉时将时间设定为10~20秒，边加热边注意观察，防止皂液溢出。

2. 加热皂坯时，将预先计量好的粉添加入乙醇中溶解。

乙醇添加量控制在恰好能够溶解粉即可，溶解后添加入皂液更易于混合。

---

*也称茶匙，属于非标准计量单位。一般来说，对于固体，1茶匙≈5克（g）；对于液体，1茶匙≈5毫升（mL）。

3. 在**1** 中的皂液内加入包括**2***在内的所有添加物及天然精油，混合搅拌。

散发清香的精油包括天然精油和香精。一般添加天然精油。制作完成立刻使用则不用添加保存剂，但如果不立即使用，建议添加1/2茶勺的维生素E，有助于保持新鲜状态。

4. 在模具中倒入**3**的液体，喷洒乙醇，去除气泡令其完全凝固。

乙醇的功效仅限于去除气泡。因为具有挥发性，所以使用量较大也无妨。若希望能够快速凝固，也可以放入冷冻室。保管时建议使用保鲜膜包装，防止湿气侵入。

*这里的“2”指第2步的完成结果。本书做法过程中多处表示步骤的序号如同此处，代指该步骤的材料及完成结果。

薰衣草香皂

人们称薰衣草为“香草女王”，大概是因为其充满贵族气息的芬芳和淡紫色的光彩吧。因为是男女老少皆心仪的芳香，在选取礼物时，选择薰衣草香型较为适宜。薰衣草具有舒缓压力、静气宁神的功效，可以用这款香皂代替沐浴露使用。

难易度
容易
预期时间
30分钟
加热过程
有
保存
干燥常温下
1年

<100g 分量>

主原料
透明皂坯100g

添加物
甘油 1/2茶勺
入浴剂（薰衣草）1/2茶勺
维生素E 5滴
干薰衣草 若干

乙醇 适量

天然精油
薰衣草 1茶勺

薰衣草具有促进活肤、消除紧张、改善失眠症状、抗炎、预防头痛等功效，且无毒性。能够消除并改善皮肤晒黑、蚊虫叮咬、红肿、脚气等多种皮肤疾患，适合作为常备药，但怀孕初期应避免使用。入浴剂是在无机成分中添加色彩、芳香原料，是具有保湿及去除角质功效的添加物。

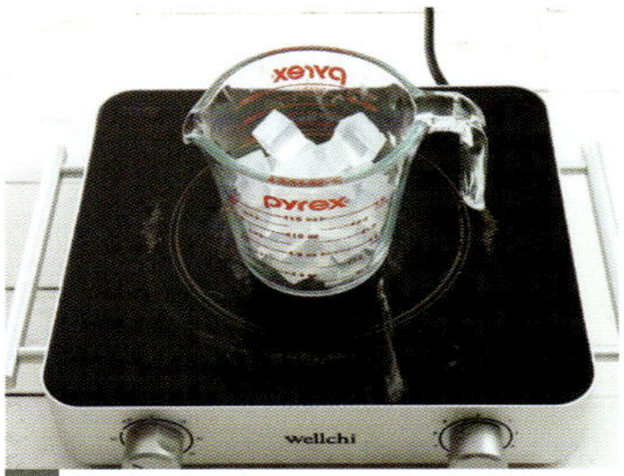

1 将透明皂坯切割成萝卜块形状放入烧杯，用电陶炉加热。

2 皂坯熔化过程中，在乙醇中添加入浴剂预先溶解。

3 在1熔化的皂液中添加3茶勺乙醇。

4 在3中添加2及其他添加物、薰衣草天然精油，搅拌后喷洒乙醇。

5 将4中的液体倒入模具，再次喷洒乙醇，凝固15~30分钟。

小贴士 入浴剂的颗粒较为坚硬，应预先用乙醇溶解后再使用。这样才能制作出没有颗粒、表面光滑、色彩艳丽的香皂。乙醇添加量控制在恰好能够溶解粉即可。

香水树 可爱香皂

饱含香水树幸福清香的这款香皂，适用于油性及干性皮肤，能够调节油脂分泌。此外，香水树具有催情效果，将其作为礼物送给新婚夫妇或情侣，不失为一种好的选择。

难易度
容易
预期时间
40分钟
加热过程
有
保存
干燥常温下1年

<100g 分量>

主原料
白色皂坯100g

添加物
荷荷巴精油 1/2茶勺
甘油 1/2茶勺
维生素E 5滴
粉色黏土 1/3茶勺
彩虹粉色珍珠粉 1/4茶勺

乙醇 适量

天然精油
香水树 1/2茶勺
柠檬 1/2茶勺

彩虹珍珠粉不具备特殊功效，主要是起装饰作用，如果购买有难度，也可以不添加。
香水树精油能够调节油脂分泌，控制水油均衡，有助于激素分泌，控制高血压、忧郁症等。由于具有催情功效，能够令情侣之间更加浓情蜜意。

1 将白色皂坯切割成萝卜块形状放入烧杯，用电陶炉加热。

2 皂坯熔化后，在另一个烧杯中倒出约10g，添加彩虹粉色珍珠粉后搅拌。

3 将2中的液体呈“之”字形倒入模具，凝固约5分钟。

4 在剩余皂坯溶液中添加所有添加物及天然精油，搅拌后喷洒乙醇。

5 在凝固后的3的表面喷洒乙醇，倒入4的液体，再次喷洒乙醇后凝固15~30分钟。

分层香皂

多彩的分层香皂令人印象深刻，比一般香皂的制作更耗费时间与精力，但却能带给您不同凡响的奢华感。仅仅是香皂中那一朵绽放的花儿，就足以给您带来芳香。

难易度
略有难度
预期时间
60分钟
加热过程
有
保存
干燥常温下1年

<1kg 分量>

主原料
白色皂坯 1kg

添加物
甜杏仁油 4茶勺
百年草保湿剂 4茶勺
维生素E 5茶勺
入浴剂（玫瑰、薄荷、柠檬、芦荟、薰衣草）各1茶勺

乙醇 适量

天然精油
天竺葵 2茶勺
薄荷 2茶勺
薰衣草 2茶勺
柠檬 2茶勺

香精
玫瑰（FO）1茶勺

入浴剂颜色不易发生变化，是适用于制作分层香皂的原料，且能够起到柔肤功效。
FO指代人工精油，即香精。

1 将白色皂坯切割成萝卜块形状放入烧杯，用电陶炉加热。

2 在皂坯熔化期间，在5个烧杯中分别放入不同颜色的入浴剂，用乙醇溶解。

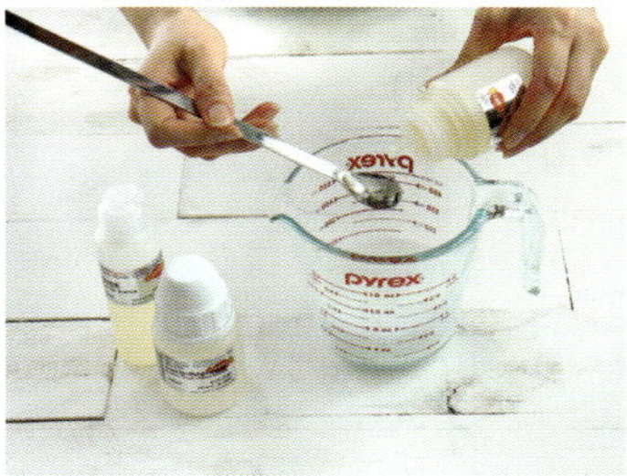

3 在1熔化的皂液中添加甜杏仁油、百年草保湿剂和维生素E并搅拌。

4 将200g 3 的皂液倒入 2 的玫瑰烧杯中，加入玫瑰香精后混合，倒入花朵形状模具，制作内嵌香皂。

5 将200g **3** 的皂液倒入 **2** 的薰衣草烧杯中，加入薰衣草天然精油混合后，倒入长方形模具。在凝固的薰衣草香皂上喷洒乙醇；再将200g **3** 的皂液倒入薄荷烧杯，添加薄荷天然精油，混合后倒入模具，制作分层香皂。

6 在 **5** 的分层香皂上喷洒乙醇，将200g **2** 中剩余的皂液倒入柠檬烧杯中，添加柠檬天然精油后，取一半倒入模具中。将喷洒乙醇后的 **4** 的内嵌香皂放置在中间，倒入剩余一半的柠檬皂液并凝固。在 **2** 的芦荟烧杯中倒入 **3** 中剩余的皂液和天竺葵天然精油，混合搅拌后倒入模具并凝固。

小贴士 为防止分层香皂层层分离，应喷洒乙醇，使表面略微溶化。此外，如果皂液过热，会使凝固的香皂熔化，令分层线不鲜明，因此烧杯外侧达到适当温热时再添加新皂液为宜。

用保鲜膜包装成品香皂

1. 把成品香皂放在保鲜膜中央，向上折起右侧保鲜膜。

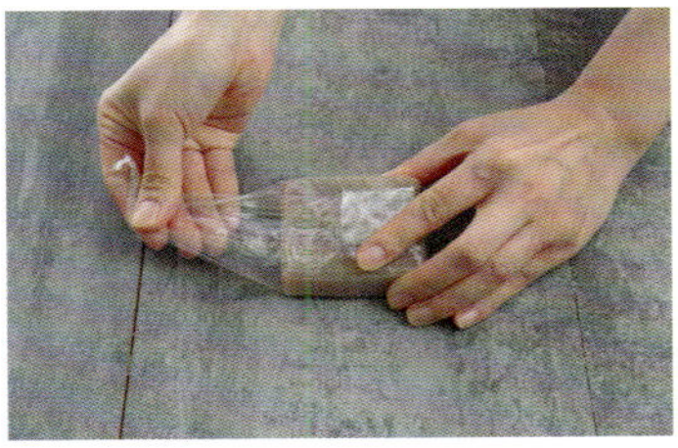

2. 向上折起左侧保鲜膜，再向上折起前后两侧保鲜膜。

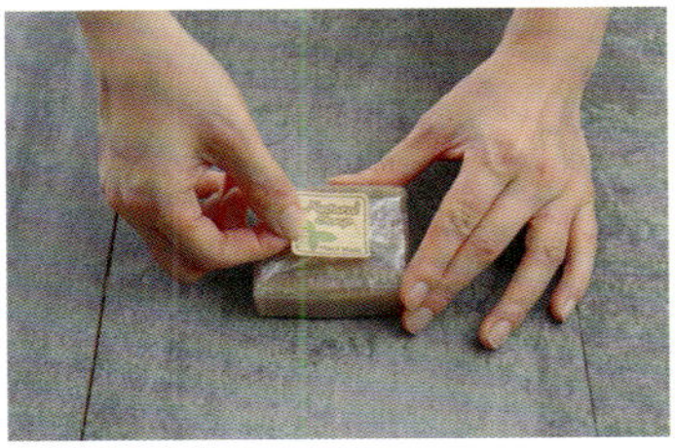

3. 在保鲜膜的聚拢位置粘贴造型贴纸。

4. 装进包装盒内。

蛋糕香皂

这款香皂让人看一眼就想咬上一口，不过千万别嘴馋哦，还是把它让给皮肤吧。拥有这样一款香皂，不爱洗漱的孩子是否也能够心情愉快地开始洗漱了呢?

难易度
容易
预期时间
30分钟
加热过程
有
保存
干燥常温下
1年

<500g 分量>

主原料
白色皂坯 500g

添加物
杏仁油 2茶勺
百年草保湿剂 2茶勺
维生素E 2茶勺
草莓粉 5茶勺

乙醇 适量

天然精油
甜橙 2茶勺
芒果 1茶勺
杏仁 1茶勺
草莓 1茶勺

草莓粉富含维生素C，有利于美白肌肤，并提高皮肤免疫力，同时能够令香皂色彩鲜亮诱人。

1 将白色皂坯切割成萝卜块形状放入烧杯，用电陶炉加热。

2 皂坯熔化过程中，用乙醇溶解草莓粉。

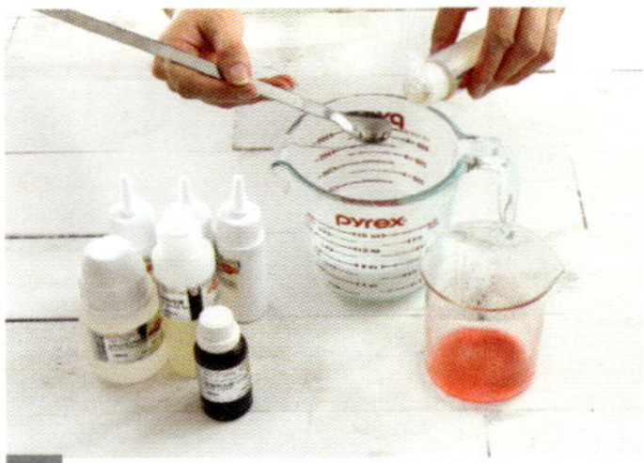

3 1中熔化后的皂液预留一部分做装饰用，剩余部分连同2和所有添加物及天然精油一同混合搅拌。

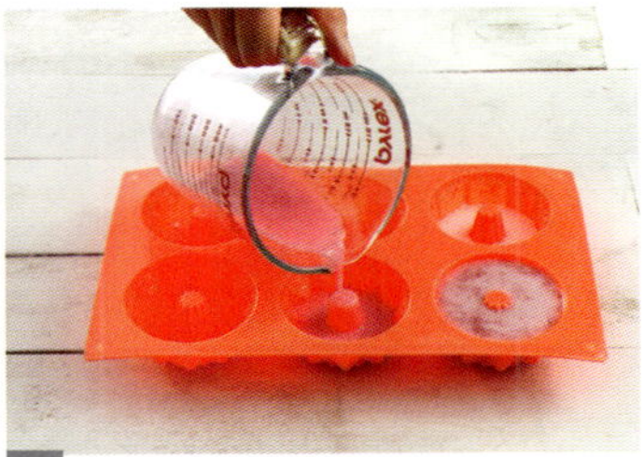

4 搅拌后的液体倒入蛋糕模具，并随时喷洒乙醇，凝固30分钟。

5 从模具中取出香皂，在中间孔洞处倒入部分3中预留的皂液。

6 在香皂上喷洒乙醇，将另一部分预留的皂液如同倒糖浆一样在香皂上进行装饰，再凝固5分钟。

小小草莓香皂

这款香皂适用于刚出生的婴儿，它不刺激而且具有高效保湿功能。草莓与蜂蜜的甜美清香，令沐浴的宝宝更加舒适开心。

难易度
非常容易
预期时间
30分钟
加热过程
有
保存
干燥常温下
1年

<100g 分量>

主原料
蜂蜜皂坯 100g

添加物
橄榄油（特级初榨） 1/2茶勺
百年草保湿剂 1/2茶勺
维生素E 5滴
草莓粉 1茶勺

乙醇 适量

蜂蜜皂坯中已经含有蜂蜜、透明质酸、澳洲坚果油、泛酰醇及植物混合提取液（具有消除肌肤困扰的功效），无须增加其他添加物也能够制出优质香皂。

1 将蜂蜜皂坯切割成萝卜块形状放入烧杯，用电陶炉加热。

2 在皂坯熔化的同时，用乙醇预先溶解草莓粉。

3 在1熔化后的皂液中添加2的草莓粉及其他所有添加物，均匀搅拌。搅拌过程中请喷洒乙醇消除气泡。

4 将3倒入模具中并喷洒乙醇，凝固15~30分钟。

小贴士 草莓是富含糖分的水果，草莓粉易结块，请用乙醇将其彻底溶解。

渐变香皂

这款香皂极具五月女神玫瑰的魅惑气质。随着时日的增加，玫瑰暗红的眼泪变得更深沉，尽显优雅之美。

难易度
一般
预期时间
40分钟
加热过程
有
保存
干燥常温下
1年

<500g 分量>

主原料
透明皂坯 350g
白色皂坯 150g

添加物
蓖麻油 2茶勺
甘油 2茶勺
维生素E 2茶勺
干玫瑰花 少许

乙醇 适量

天然精油
玫瑰天竺葵 2/3茶勺
花梨木 1/2茶勺

干玫瑰花原为深红色，遇碱性香皂后天然色素发生褐变，但柔肤及活肤功效不发生改变。一开始就放入透明皂坯，会使香皂全变为褐色，因此一定要在最后放入干玫瑰花。

1 将切割成萝卜块形状的白色和透明皂坯分别放入烧杯，用电陶炉加热。

2 在熔化后的白色皂液中添加蓖麻油、甘油、维生素E各1茶勺并均匀搅拌。

3 将2倒入模具中并喷洒乙醇。

4 在1熔化后的透明皂液中添加10g乙醇，蓖麻油、甘油、维生素E各1茶勺，边添加天然精油边缓慢搅拌。

5 在3中凝固后的香皂上再次喷洒乙醇后，倒入4的透明皂液，制作分层香皂。

6 在5上喷洒乙醇后撒入干玫瑰花，用小勺或木筷子将干玫瑰花铺展均匀后，待其与香皂凝固。

除脂香皂

这款香皂能够清除皮肤代谢废弃物，维持肌肤润滑，刺激循环系统，消除脂肪团。我们是不是没有必要再去花费高价做美体塑形了呢？

难易度
非常容易
预期时间
30分钟
加热过程
有
保存
干燥常温下
1年

<150g 分量>

主原料
白色皂坯 150g

添加物
咖啡摆奶油 1茶勺
甘油 1茶勺
维生素E 10滴
绿细泥 1茶勺
迷迭香粉 1茶勺

乙醇 适量

天然精油
甜茴香 1/4茶勺
杜松子 1茶勺
葡萄柚 1茶勺

咖啡摆奶油具有燃烧脂肪、加速分解脂肪团的功效。
甜茴香与杜松子能够促进淋巴循环，消除浮肿，并起到去除代谢物的作用。

1 将白色皂坯切割成萝卜块形状放入烧杯，用电陶炉加热。

2 在皂坯熔化时，用乙醇溶解迷迭香粉。

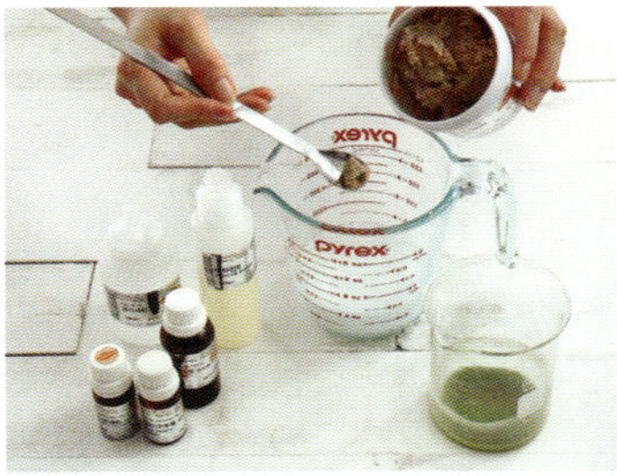

3 在1熔化的皂液中添加2及所有其他添加物，倒入天然精油后均匀搅拌。

4 将3倒入模具，凝固15~30分钟。

小贴士 如果添加按摩盐，能够制作出令皮肤光滑水润的香皂。

鱼腥草抗过敏香皂

在众多天然香皂中，这款香皂可谓男女老少皆宜的杰出代表。它不仅适用于过敏性皮肤、粉刺性皮肤，而且对于损伤性皮肤的再生、提高皮肤弹性等具有显著效果，非常适合赠送给长辈。

难易度
非常容易

预期时间
30分钟

加热过程
有

保存
干燥常温下1年

<100g 分量>

主原料
白色皂坯 100g

添加物
玻璃苣油 1/2茶勺
透明质酸 1/2茶勺
维生素E 5滴
鱼腥草粉 5茶勺

乙醇 适量

天然精油
薰衣草 1/2茶勺
德国洋甘菊 1/5茶勺

玻璃苣油含有γ-亚麻酸，在消除炎症、促进皮肤再生方面有显著效果。鱼腥草内富含的槲皮苷成分能够扩张毛细血管，净化血液，排除皮肤内毒素。持续使用能够令肤质变得白净细腻，解决肌肤多种问题。

1 将白色皂坯切割成萝卜块形状放入烧杯，用电陶炉加热。

2 在皂坯熔化时，用乙醇溶解鱼腥草粉。

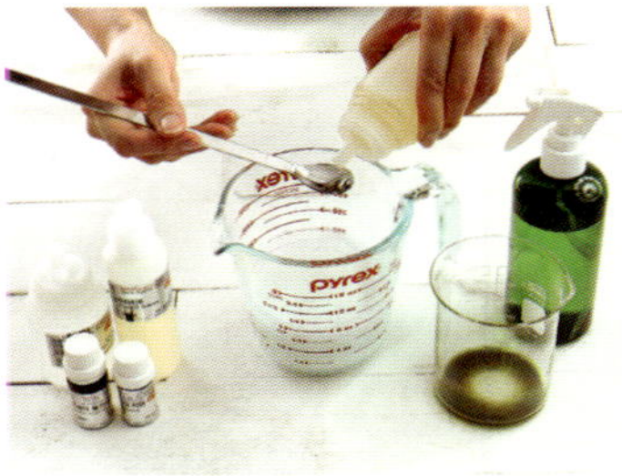

3 在1熔化后的皂液中添加2和其他所有添加物，倒入精油搅拌后，喷洒约3次乙醇，消除气泡。

4 将3倒入模具凝结15~30分钟。

橙花香皂

这款香皂虽然制作过程并不复杂，但它的外形及香气却彰显出高贵气息。添加高级原料橙花精油，使其不仅具有馥郁芳香，而且能静气安神。特别是能够令正在老化的皮肤变得更为健康、滋润。

难易度
非常容易
预期时间
40分钟
加热过程
有
保存
干燥常温下
1年

<100g 分量>

主原料
白色皂坯 100g

添加物
玫瑰果油 1/2茶勺
维生素E 5滴
板栗壳粉 1/2茶勺

乙醇 适量

天然精油
橙花 1/2茶勺
甜橙 1/2茶勺

橙花指的不是橙子果实，而是橙树花。橙花天然精油又叫“neroli oil”，不仅名字美，且具有众多功效，人气极高。它不仅能够杀菌及改善皮肤老化、皮肤干燥，还对治疗高血压、心悸等有一定效果，能够有效控制紧张情绪。

1 将白色皂坯切割成萝卜块形状放入烧杯，用电陶炉加热。

2 在皂坯熔化时，用乙醇溶解板栗壳粉。

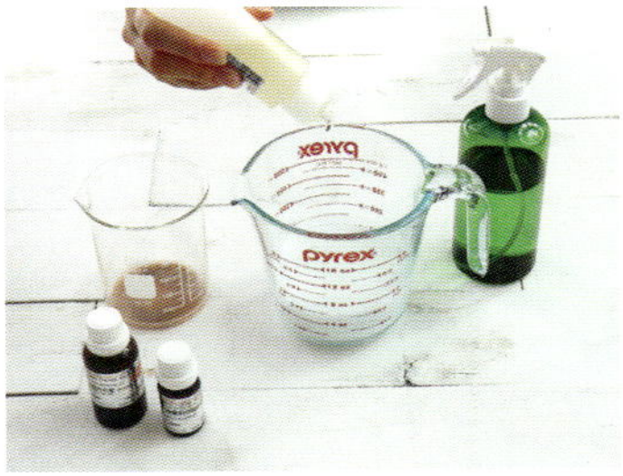

3 在1熔化后的皂液中添加2及其他所有添加物，倒入天然精油并搅拌后，喷洒约3次乙醇消除气泡。

4 将3倒入模具中，凝固15~30分钟。

金盏花香皂

金盏花可以平复敏感肤质，促进伤口快速愈合。适合娇嫩的婴儿皮肤和留有较深粉刺伤痕的皮肤使用。这款香皂上的黄色花朵清晰可见，同时具有立体美感，您尽可愉悦享受。

难易度
容易
预期时间
30分钟
加热过程
有
保存
干燥常温下1年

<100g 分量>

主原料
透明皂坯 100g

添加物
甘油 1/2茶勺
干金盏花 少许

乙醇 适量

天然精油
薰衣草 1/2茶勺
柠檬 1/2茶勺

金盏花具有多种药用功效，能够促进细胞再生，防止细菌、真菌感染，并且具有治疗创伤的抗菌功效，特别是对皮肤炎症及肌肤瘙痒严重症状可起到舒缓效果，能够促进伤口快速愈合，尤其适用于过敏性及粉刺性皮肤。可以直接使用干金盏花，也可以在荷荷巴油中进行冲泡后，提取有效成分，多用于香皂、BB霜等化妆品中。

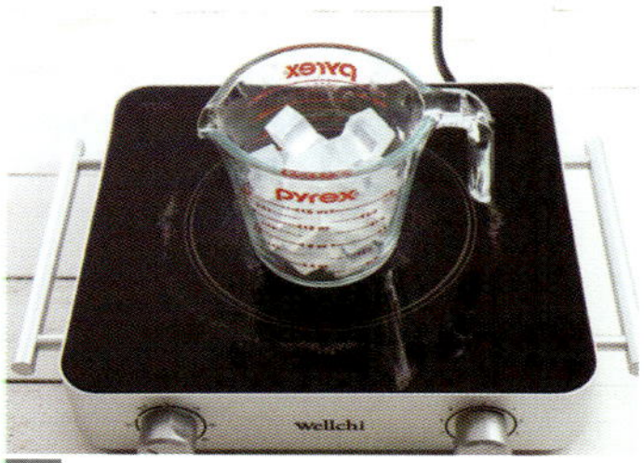

1 将透明皂坯切割成萝卜块形状放入烧杯，用电陶炉加热。

2 在1熔化后的皂液中添加甘油及干金盏花并均匀搅拌。

3 在2中倒入天然精油并搅拌。

4 为了提高香皂的透明度，喷洒3次乙醇去除气泡。

5 将4倒入模具后，再喷洒一次乙醇，凝固15~30分钟。

小贴士 操作透明皂坯过程中应经常喷洒乙醇，才能够彻底清除气泡。乙醇具有挥发性，不会残留在香皂中，可以随时喷洒。

纪念照香皂

现在香皂中也可以蕴藏小故事喽。在香皂中藏入意义深刻的照片赠送给对方，它就不再只是一块简单的香皂了，而是一件珍贵的礼物。

难易度
难
预期时间
60分钟
加热过程
有
保存
干燥常温下
1年

<100g 分量>

主原料
透明皂坯 100g
过塑照片

添加物
干花 少许

乙醇（99%）适量

香精
兰蔻奇迹香水（FO）
1/2茶勺

透明度可谓是这款香皂的生命，为了尽可能保持其透明度，不添加过多添加物，仅仅加入香水及乙醇。

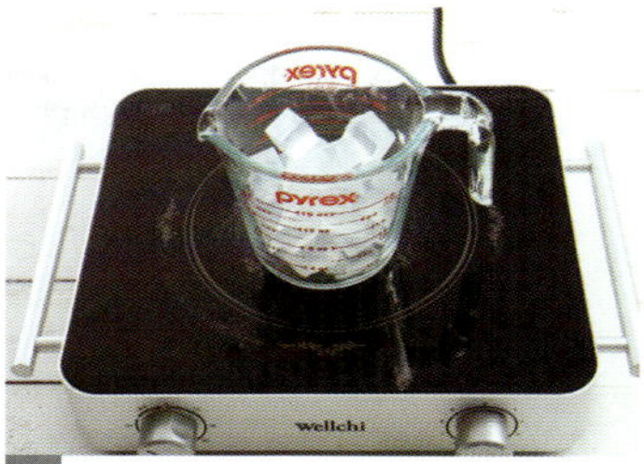

1 将透明皂坯切割成萝卜块形状放入烧杯，将电陶炉调至低温缓缓加热。

2 在皂坯全部熔化之前，将10g左右的皂液倒入另一容器中，添加3茶勺乙醇和1/2茶勺兰蔻奇迹香水（FO）。

3 将2缓缓倒入模具并喷洒乙醇。

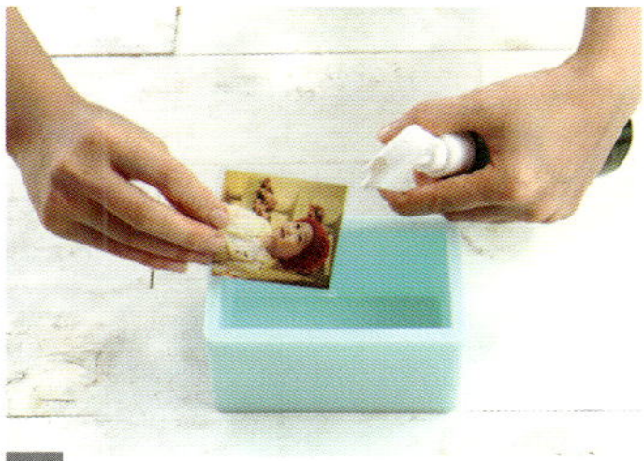

4 3表面凝固后，喷洒乙醇，将剩余皂液的一半倒入模具，照片正面朝下放置在中央部位，使皂液漫过照片表面。

5 在照片周边放置干花装饰，倒入剩余皂液并喷洒乙醇，放置在阴凉处缓缓凝固。

小贴士 为提高透明度，皂坯需要在低温下缓缓加热熔化，并添加99%的乙醇。在干燥的环境下制作为宜。也可将白色皂坯熔化后倒入最上层，待凝固后，能够制作出近似于相框的效果。

护脚香皂

如果您周围有需要长时间站着工作的朋友，不如将这款香皂作为礼物送给他们哦。如果您因为脚上气味或脚气而深受困扰，不妨用这款香皂给受尽苦头的脚部带来些享受吧。它不仅可以缓解脚部疲劳，还能够一次性去除脚部角质，是一款多功能香皂。

难易度
容易
预期时间
30分钟
加热过程
30分钟
保存
干燥常温下
1年

<300g 分量>

主原料
白色皂坯 300g

添加物
印楝油 1茶勺
透明质酸 1茶勺
维生素E 5滴
薄荷粉 1茶勺
柠檬草粉 1茶勺
薄荷脑 2块

乙醇 适量

天然精油
丝柏 1/2茶勺
茶树 1茶勺
佛手柑 1茶勺

茶树、佛手柑、印楝、柠檬草均有抗炎效果。丝柏能够促进血液循环，消除浮肿。

1 将白色皂坯切割成萝卜块形状放入烧杯，用电陶炉加热。

2 在皂坯熔化时，用乙醇溶解薄荷粉、柠檬草粉和薄荷脑。

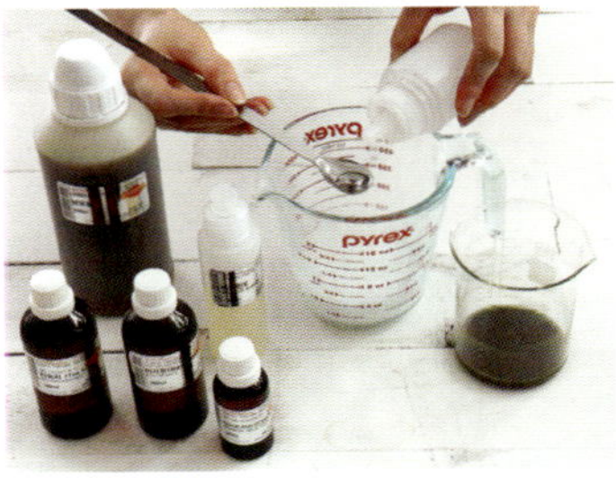

3 在熔化后的皂液中添加 2 及其他所有添加物、天然精油，均匀搅拌。

4 将 3 倒入模具，凝固15~30分钟。

小贴士 薄荷脑溶解后易挥发，因此溶解时应盖上盖子，这样才能够有效保持香皂成分。

红柿椒香皂

百花盛开的春季，虽然我们无法阻挡倏忽而至的扬沙，但可以用红柿椒香皂保护因扬尘而受损的肌肤。因为它在塑造健康而富有弹性的肌肤时还能够提高皮肤免疫力。香皂中的内嵌皂也别有一番情趣。

难易度
略有难度
预期时间
30分钟
加热过程
有
保存
干燥常温下1年

<100g 分量>

主原料
透明皂坯 50g
白色皂坯 50g

添加物
亚麻籽油 1/2茶勺
甘油 1/2茶勺
维生素E 5滴
红柿椒粉 1/2茶勺

乙醇 适量

天然精油
橘子 1/2茶勺
花梨木 1/2茶勺

红柿椒对治疗皮炎、使肌肤美白均有效果，具有抗氧化作用的β-胡萝卜素在红柿椒中的含量远超其他蔬菜。维生素C含量是西红柿的5倍，是柠檬的2倍。

1 将透明皂坯和白色皂坯切割成萝卜块形状并分别放入烧杯，用电陶炉加热。

2 用乙醇溶解红柿椒粉，添加1中熔化后的白色皂液，均匀搅拌。

3 将2倒入模具中凝固，制作内嵌香皂。

4 在1中熔化后的透明皂液中添加剩余所有添加物和天然精油并均匀搅拌，喷洒乙醇消除气泡。

5 将4的一半倒入模具，在3中的内嵌香皂上喷洒乙醇后放入模具。

6 倒入剩余透明皂液，凝固15~30分钟。

皂基南瓜香皂

利用皂基能够简单便捷地制作出这款香皂。南瓜香皂不仅造型可爱，且能够为肌肤增添无限活力。和孩子一起来制作吧！

难易度
非常容易
预期时间
10分钟
加热过程
无
保存
干燥常温下
1年

<100g 分量>

主原料
皂基 100g

添加物
蓖麻油 1茶勺
甘油 3茶勺
维生素E 5滴
南瓜粉 2茶勺
精制水 1/2茶勺

天然精油
薰衣草 1/3茶勺
柠檬 1/3茶勺
甜橙 1/2茶勺
青柠 1/2茶勺

皂基是由椰子、棕榈制成的天然香皂，呈粉末状，无须加热，加入水分并凝结后，经过干燥可直接使用。
南瓜富含β-胡萝卜素及维生素成分，有效促使形成胶原蛋白，防止肌肤老化，还能够抑制黑色素沉淀，具有超强美白功效。因其富含B族维生素，能够在保湿的同时解决多种肌肤问题。

1 在皂基中添加南瓜粉并均匀混合搅拌。

2 在 1 中添加天然精油，均匀搅拌，避免结块。

3 在 2 中添加精制水、甘油、蓖麻油、维生素E并均匀搅拌。

4 将麻绳打结待用。

5 将均匀搅拌后的 3 揉成圆形，向中心部位压出小坑，放入麻绳结。

6 在聚拢成圆球形的皂体表面，用勺子或尺子勾勒出南瓜的纵向纹理，在常温下干燥。

何首乌研磨洗发皂

何首乌能够有效防止白发产生，因此多用于洗发水中。此外它也具有防治皮炎及头皮屑的功效。研磨后的洗发皂更为柔软，质感舒适。

难易度
一般
预期时间
30分钟
加热过程
有
保存
干燥常温下
1年

<1kg 分量>

主原料

研磨用香皂块 500g

添加物

维生素E 10茶勺

迷迭香水 100~150g

何首乌粉 5茶勺

芒果粉 3茶勺

丝粉 3茶勺

柠檬酸 1茶勺

天然精油

香柏木 1茶勺

柠檬马鞭草 3茶勺

佛手柑 3茶勺

芒果富含没食子酸、玉米素、维生素C，是天然毛发营养剂，能够有效护理头发。

1 用礤床将研磨用香皂块研磨成丝状。

2 将研磨后的皂丝放入烧杯，计量好迷迭香水后倒入烧杯。

3 用保鲜膜覆盖烧杯口，隔水加热。

4 添加何首乌粉、芒果粉及丝粉后，再加入溶解的柠檬酸，充分搅拌溶解原料。

5 最后再加入天然精油、维生素E，用计量勺或用手搅拌混合。

6 将 5 倒入模具，按压紧实，防止出现空气层，打开盖子干燥3~4天。

7 将香皂从模具中取出并切割后，再干燥1周。

小贴士 天然香皂质感略显坚硬，若添加少许柠檬酸会使其变得柔软，但如果加入的量过大会使香皂过分熟成，不易产生泡沫。

Fallopia multiflora

Shampoo bar

冷制法制香皂

PART

3

COLD PROCESS

制作天然香皂的妙招—— 冷制法

在制作天然香皂的各类方法中，我最喜欢的就是冷制法（Cold Process，CP）。因为可以添加几乎所有原料，没有过多限制，且可以使用多种多样充满个性的辅助手段制作。

冷制法是因在低温（45℃）下利用化学反应制作香皂而得名。主要用于制作功能性香皂。相反，液体皂及透明皂则多采用热制法。

CP香皂利用的是苛性钠与油脂发生反应从而产生香皂与甘油的原理。我们先来了解一下苛性钠。苛性钠的化学式为NaOH，化学名称为氢氧化钠，具有强碱性。NaOH加水溶解时与脂肪酸发生反应生成脂肪酸盐，这就是我们常说的香皂。NaOH在反应中产生亲水基，因此能够贴近水分，脂肪酸仍具有油脂性质，因此能够贴近油脂，所以香皂可以将水与油脂进行混合。

CP过程中发生皂化反应时，若不按照同一方向搅拌，溶液中产生的纹理容易引起结块，制成的香皂表面就会出现不光滑或泡沫不细腻、质感不柔和的现象。因此，一定要按照同一方向搅拌。

Olive
Soap

制作CP香皂前需确定事项

1. 总油脂量

用冷制法制作1kg香皂，油脂量在750~800g较为合适。

2. 油脂构成比例

根据皮肤类型及季节选择4~6种油脂。棕榈油、椰子油在总油脂中占据40%~50%为宜。这两种是在制作坚固、泡沫丰富的香皂时使用的基本油脂，因此适合选定为基础油。但柔嫩的婴儿肌肤使用的香皂不添加或仅添加约占20%的棕榈、椰子油脂即可。根据不同皮肤类型选定其他油脂。（参考P311）

3. 苛性钠的量

根据皂化价（每皂化1g油脂所需苛性钠的量）决定即可。但如果希望增强保湿效果，降低皂化价或用超脂法为宜。（参考P319）

油脂量×皂化价=苛性钠的量

4. 精制水的量

精制水一般占油脂量的30%~40%，平均选取33%这一比例。使用纯净的精制水，能够防止香皂酸败，制作出品质均衡的香皂。

5. 添加物

保存剂5~10g，粉末类10~30g为宜，但竹炭、木炭等色泽较重的粉末仅添加5g为宜。

6. 精油

正如前面所介绍的，精油分为天然精油及香精。使用天然精油时，关键是应依据皮肤类型精心选择调配头香（top note）、中香（middle note）、尾香（base note）并熟成，令香气持久芬芳。成人使用时添加香皂总量的1%~3%即可，儿童使用时添加成人使用量的一半为宜。人工制成的香精有可能造成突然稠化，因此在稠化刚出现时请快速添加。香精虽不具备功能性特征，但可以长时间维持余香。（参考P316）

CP香皂基本配方（巧用苛性钠）

1. 精确测量精制水的量后，往里面一点点加入苛性钠并均匀搅拌。

温度上升至80~90℃时会产生有毒气体，因此必须在通风良好的场所，佩戴防毒面具及橡皮手套制作。

2. 依照顺序添加并搅拌基础油，加热至45℃。

初学者如果不按照一定的顺序添加，会出现漏放油脂现象，因此从一开始应该培养按顺序添加的习惯。

3. 步骤1中苛性钠水溶液加热至45℃后，倒入2的基础油（45℃）。

4. 用勺子搅拌混合溶液约10分钟，随后用搅拌器搅拌5~10秒。注意掌握搅拌器方向，从始至终朝同一方向搅拌。

5. 当开始呈现糊状（甜汤程度）时，加入添加物及精油并搅拌。

将粉末盛放在另一个容器中搅拌均匀后再加入，更有助于溶解。

6. 用勺子盛出皂液再倒出，确认倒出时是否能够留下清晰痕迹。

如果能够留下鲜明痕迹，则稠化状态良好。

7. 将烧杯反复磕碰几次去除气泡后，将皂液倒入模具并盖上盖子。

和空气起反应容易造成表面出现白色粉末。

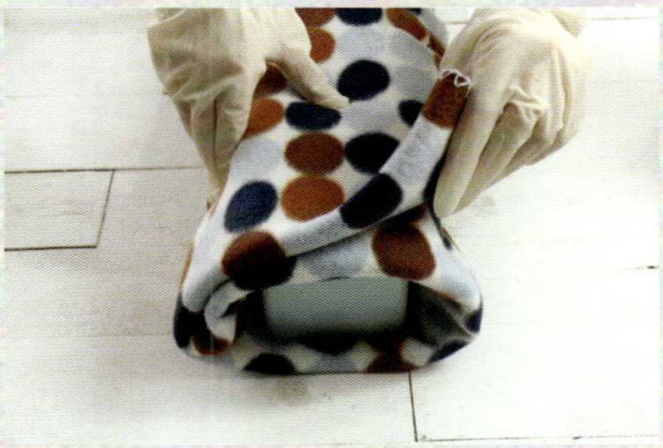

8. 用毯子或毛巾包裹后，在保温状态下凝固一天，切块后熟成4周。

凝固后取出放置于阴凉通风处熟成4~6周，打出泡沫并用pH试纸测试，数值为7~9则可以使用。

CP香皂基本配方（巧用皂化水）

1. 依照顺序添加基础油，加热至60℃。

2. 将精确计量的常温皂化水倒入1中60℃的油脂内。

混合后温度变为45℃。

3. 以下过程与“巧用苛性钠”配方的步骤4~8相同。

香皂制作完成后，pH值一般为9，比使用苛性钠时中和速度更快，且皂化水熟成时间能够提前约2周。

谷物沐浴香皂

洗澡时的过度揉搓容易使皮肤受损或干燥。这款香皂在利用细密柔和的泡沫自然去除角质的同时，还能够帮助肌肤快速吸收营养成分，效果如同您用毛巾揉搓去除代谢后的角质层。它有助于您在沐浴后重获湿润而富有光泽的肌肤。

难易度
一般
预期时间
35分钟
加热过程
有
保存
干燥常温下
1~3年

<1kg 分量>

基础油(750g)
棕榈油 200g
椰子油 250g
杏仁油 100g
甜杏仁油 200g

皂化水 323g(43%)

添加物
维生素E 10g
混合谷物粉末 20g

天然精油
香柏木 4mL
苦橙叶 8mL
葡萄柚 15mL

杏仁油及甜杏仁油的清洁效果好，能够打造柔和肌肤。
混合谷物粉末具有去除角质、供给营养、保湿、预防老化等综合功效，在市面上便于寻找且价格低廉。

1 依照棕榈油、椰子油、杏仁油、甜杏仁油的顺序分别计量后倒入烧杯中，用电陶炉加热至60℃。

2 将常温皂化水倒入1中，沿同一方向（搅拌器方向）用匀子搅拌10分钟。

3 用搅拌器搅拌5~10秒，至呈酸奶状的黏度即可。

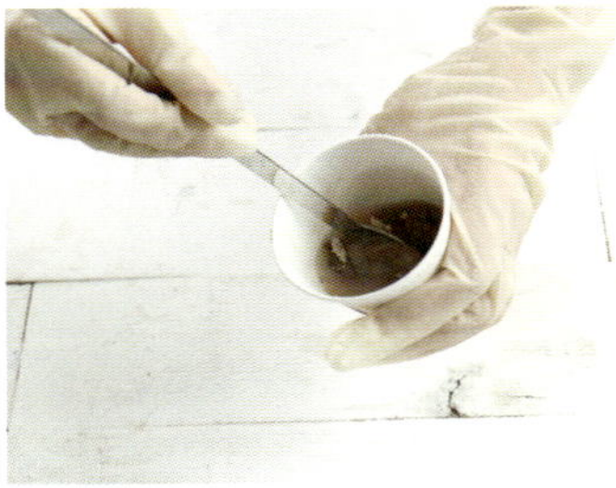

4 将混合谷物粉末逐次倒入3的皂液中溶解均匀。

5 在**4**中添加维生素E、天然精油，用勺子搅拌。

6 将**5**倒入模具，抓住模具两侧，在操作台面上轻叩，使表面变得光滑。

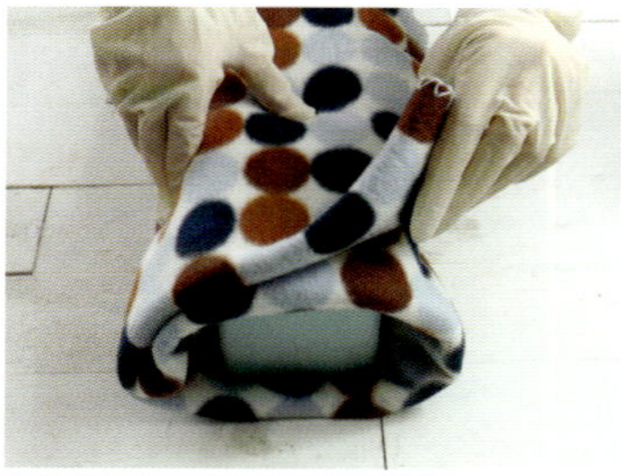

7 用毯子或毛巾包裹模具皂化1天，切割后熟成约2周。

小贴士 皂化水作为苛性钠的替代品，不产生有毒气体，可以在室内操作。香皂熟成时间可缩短约2周。

1. 将硅胶模具的四边分别向外拉伸。

2. 在案板上倒置模具，用双手按压模具底面。

3. 从模具中取出香皂。

4. 没有切皂刀的话，可以使用普通刀具大致切割。

三白草 抗炎香皂

自古三白草就因能够抗炎和护肤而广为人知。这款香皂能够有效控制皮炎及粉刺性皮肤，是一款毫无刺激性的清洁用品。适用于敏感性或干性皮肤。

难易度
略有难度
预期时间
50分钟
加热过程
有
保存
干燥常温下
1~3年

<1kg 分量>

基础油(750g)
棕榈油 200g
椰子油 200g
米糠油 150g
菜籽油 200g

苛性钠 107g(5% DC)
精制水 247g

添加物
维生素E 10g
三白草粉 10g
温泉汤花粉 10g

天然精油
香柏木 4mL
薰衣草 8mL
茶树 5mL
甜橙 7mL

米糠油及菜籽油保湿效果显著，同时能够有效抑制皮肤瘙痒。
温泉汤花粉富含温泉中的矿物质及硫黄成分，在润滑肌肤的同时能够治疗皮肤病。

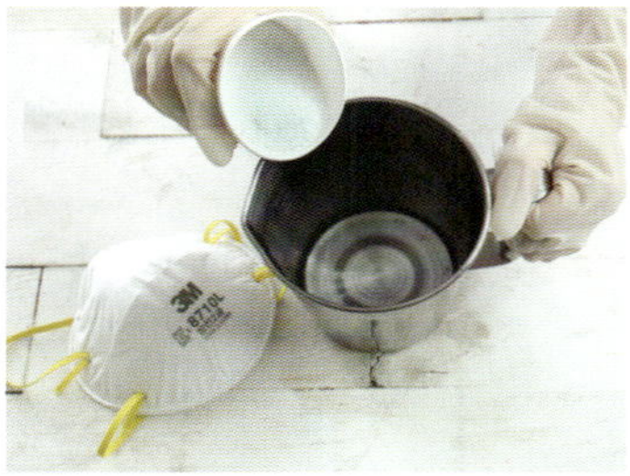

1 分别计量精制水及苛性钠，在精制水中一点点加入苛性钠并搅拌。

2 分别计量并依照棕榈油、椰子油、米糠油、菜籽油的顺序添加入烧杯中，用电陶炉加热至45℃。

3 1的苛性钠水溶液达到45℃时，倒入2，用勺子朝同一方向（搅拌器方向）搅拌10分钟。

4 用搅拌器搅拌5~10秒，呈酸奶状的黏度即可。

5 在**4**中添加维生素E及天然精油，用勺子搅拌。

6 在两个空烧杯内分别倒入计量后的三白草粉和温泉汤花粉，并分别倒入一半皂液，均匀搅拌。

7 将三白草粉皂液及温泉汤花粉皂液杯口相向，左右移动倒入模具，使其呈现大理石花纹。

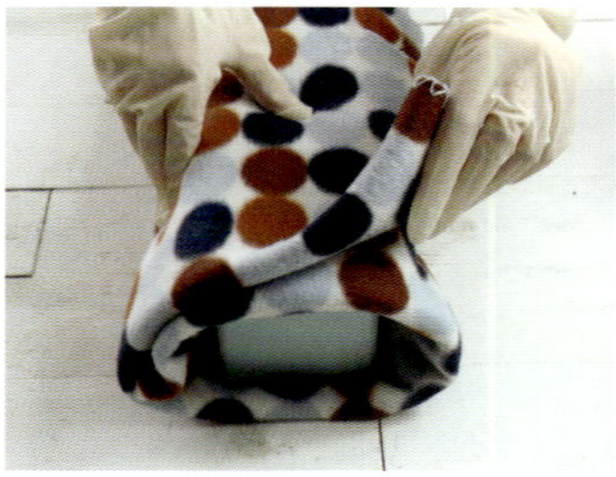

8 用毯子或毛巾包裹模具皂化1天，切割后熟成约4周。

小贴士 皂液如果过稀，则色泽相互混淆，不易产生大理石花纹。将皂液制作得更为黏稠，就可以出现美丽的大理石花纹。除三白草之外，也可使用其他抗炎效果好的粉末予以替代，如鱼腥草、甘草、茶树、竹炭、甘菊、金盏花等。

houttuynia soap

荷花再生香皂

荷花以其神秘的花朵外形、隐隐的清香气息，被誉为象征东方优雅的花朵。这款香皂能够令您真切感受到中和皮肤毒性、帮助肌肤再生的荷花的神秘功效。

难易度
略有难度

预期时间
35分钟

加热过程
有

保存
干燥常温下1~3年

<1kg 分量>

基础油(750g)
棕榈油 150g
椰子油 150g
荷花（山茶油）浸泡油 150g
蓖麻油 200g
葵花籽油 100g

皂化水 323g(43%)

添加物
维生素E 10g
粉红石泥（pink clay）10g

天然精油
乳香 4mL
薰衣草 10mL
甜橙 10mL

荷花油是帮助山茶油中有效成分得以释放的浸泡油，所以用苛性钠进行制作时，皂化价依照山茶油皂化价计算。荷花能够中和毒性，有效治疗皮肤炎症，促进皮肤再生，恢复肌肤弹力。

1 将基础油依照棕榈油、椰子油、荷花浸泡油、蓖麻油、葵花籽油的顺序计量并倒入烧杯，用电陶炉加热至60℃。

2 将常温皂化水倒入**1**中，用勺子朝同一方向（搅拌器方向）搅拌10分钟。

3 用搅拌器搅拌5~10秒，呈酸奶状的黏度即可。

4 将**3**中的部分皂液倒入粉红石泥中均匀搅拌。

5 在**3**中余下的皂液中添加维生素E、天然精油，用勺子均匀搅拌。

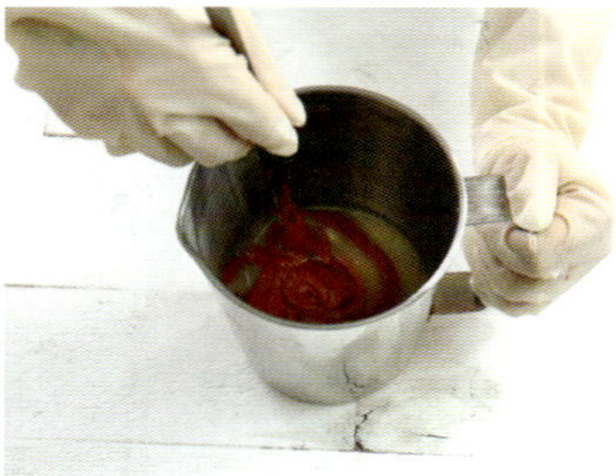

6 将**5**中1/3的皂液倒入小烧杯，添加**4**并均匀搅拌。

7 将**5**中剩余的白色皂液及**6**的粉色皂液交替倒入模具中。

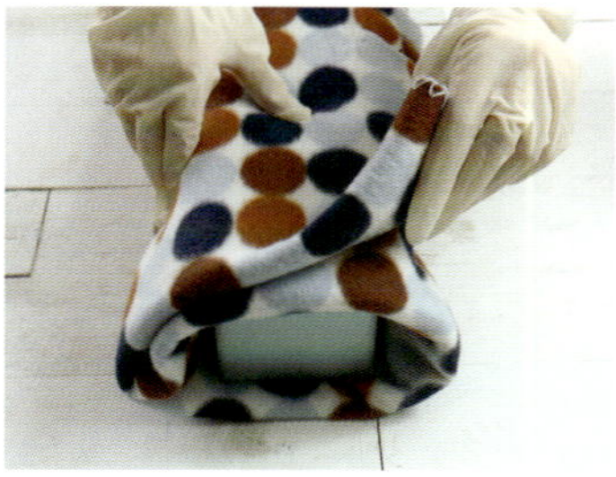

8 用毯子或毛巾包裹模具皂化1天，切割后熟成约2周。

小贴士 使用搅拌器时，注意根据黏度调节时间，为防止泡沫的产生，将容器倾斜放置紧贴底部搅拌。

方法1. 使用能够将长CP香皂切割均匀的切皂刀。

方法2. 使用一般切皂刀切割后，将断面修饰出精致的形状。

方法3. 切割后香皂的边角部位，用香皂刨子精心整理。

可可牛奶香皂

可可牛奶香皂不仅味道香甜，而且富含胶原蛋白及蛋白质等有益肌肤的成分。这款香皂的特征是具有牛奶般洁白的泡沫，令肌肤更具弹力，倍加柔嫩。但不适合粉刺性或油性皮肤。

难易度
略有难度
预期时间
50分钟
加热过程
有
保存
干燥常温下
1~3年

<1kg 分量>

基础油(750g)
棕榈油 200g
椰子油 200g
葵花籽油 170g
澳洲坚果油100g
山茶油 50g
乳木果油 30g

苛性钠 103g(5% DC)
精制水 100g

添加物
牛奶 147g
维生素E 10g
葡萄柚提取液 3g
可可粉 10g

天然精油
花梨木 4mL
薰衣草 5mL
苦橙叶 5mL
柠檬 10mL

牛奶能够促进胶原蛋白的产生，能够去除角质，起到保湿、柔肤的功效。但牛奶的蛋白质对温度及强碱极为敏感，所以最初不能添加苛性钠水溶液，应稍后缓缓添加。也可使用全脂奶粉代替鲜牛奶。
可可粉含有大量多元酚类，具有抗氧化作用，但容易诱发粉刺性肌肤产生问题，因此粉刺性肤质不宜经常使用该款产品。

1 分别计量精制水及苛性钠后，在精制水中一点点倒入苛性钠并搅拌。

2 基础油依照棕榈油、椰子油、葵花籽油、澳洲坚果油、山茶油、乳木果油的顺序分别计量并倒入烧杯，用电陶炉加热至45℃。

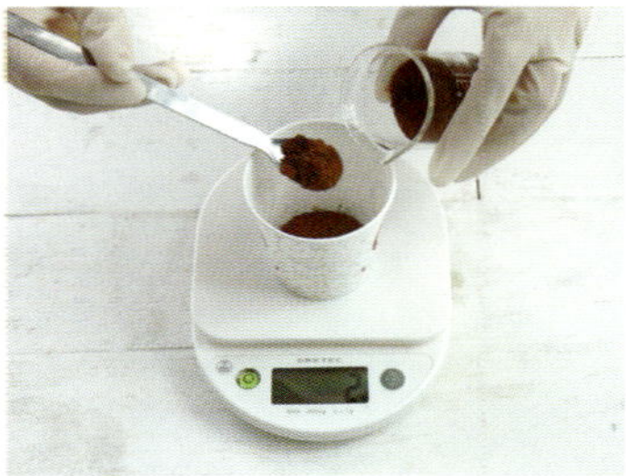

3 在加热 2 时，计量可可粉。

4 1 的苛性钠水溶液达到45℃后倒入 2 ，用勺子朝同一方向（搅拌器方向）搅拌10分钟，用搅拌器搅拌5秒，呈汤水状的黏度即可。

5 变得稍黏稠后，将加热至40℃的牛奶缓缓倒入，并用搅拌器持续搅拌，呈酸奶状的黏度即可。

6 在5的皂液中添加维生素E及天然精油后，将1/3皂液取出并在其中添加可可粉、葡萄柚提取液，均匀搅拌。

7 先将剩余白色皂液倒入模具，再将6中的可可粉皂液倒入，上下混合搅拌，制作大理石花纹。

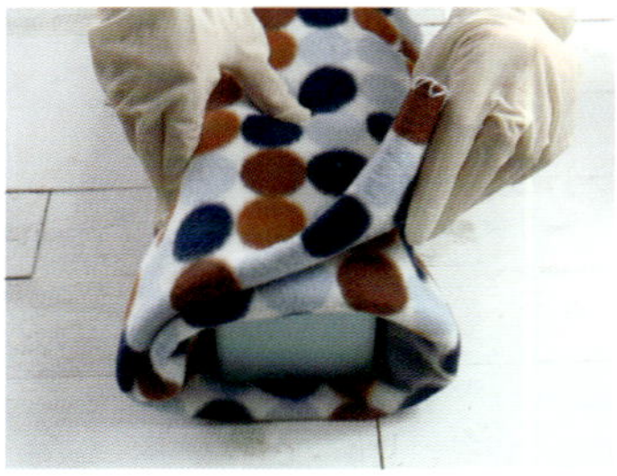

8 用毯子或毛巾包裹模具皂化1天，切割后再熟成约4周。

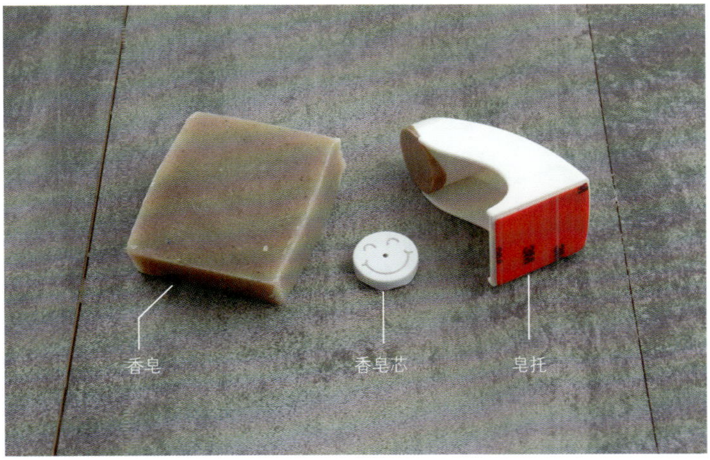

CP香皂湿度高，因此容易变得湿软，在浴室使用时，更适合放在壁挂式皂托中。这样使用时间更长久。

1. 将磁铁皂托的香皂芯嵌入香皂内。

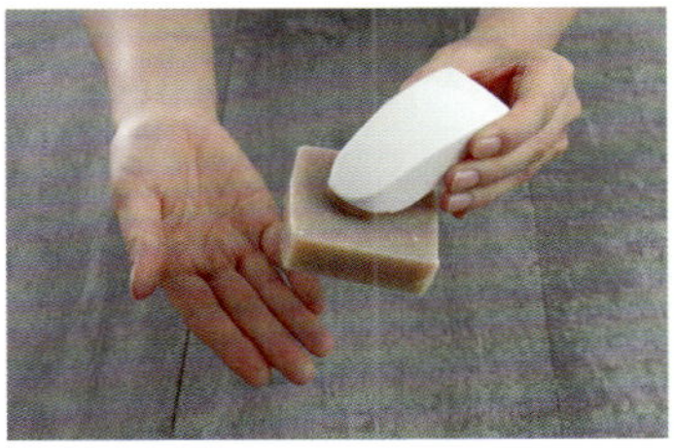

2. 将香皂粘贴在皂托上，红色粘贴部分固定在浴室瓷砖上。

胶原蛋白弹力香皂

胶原蛋白属于皮肤成分中的一种，能够防止肌肤老化，令粗糙暗淡的肌肤重新焕发柔和润滑的光彩。无论是谁，都会陶醉于它丰富的泡沫和如丝般柔滑的触感。

难易度
一般
预期时间
35分钟
加热过程
有
保存
干燥常温下
1~3年

<1kg 分量>

基础油(750g)
棕榈油 200g
椰子油 200g
鳄梨油 100g
山茶油 100g
葡萄籽油 115g
乳木果油 35g

皂化水 323g(43%)

添加物
维生素E 10g
干胶原蛋白粉 10g
竹炭粉 3g

天然精油
乳香 4mL
玫瑰草 10mL
薰衣草 10mL

竹炭粉能够预防皮肤病，因为色彩明艳，在制作大理石花纹香皂时，是一种常用原料。

1 基础油依照棕榈油、椰子油、鳄梨油、山茶油、葡萄籽油、乳木果油的顺序计量并倒入烧杯，用电陶炉加热至60℃。

2 分别计量常温皂化水、干胶原蛋白粉、竹炭粉待用。

3 在**1**中倒入常温皂化水，用勺子朝同一方向（搅拌器方向）搅拌10分钟，再用搅拌器搅拌5~10秒，呈酸奶状的黏度即可。

4 在**3**中倒入维生素E、天然精油，用勺子均匀搅拌。

5 将**4**中1/3的皂液倒入**2**的竹炭粉，呈浓度较大的黏稠状后均匀搅拌。在剩余皂液中添加干胶原蛋白粉并均匀搅拌。

6 将部分干胶原蛋白粉皂液倒入模具后，将竹炭粉皂液呈数字11的形状倒入模具两侧，反复此过程直至填充满模具。

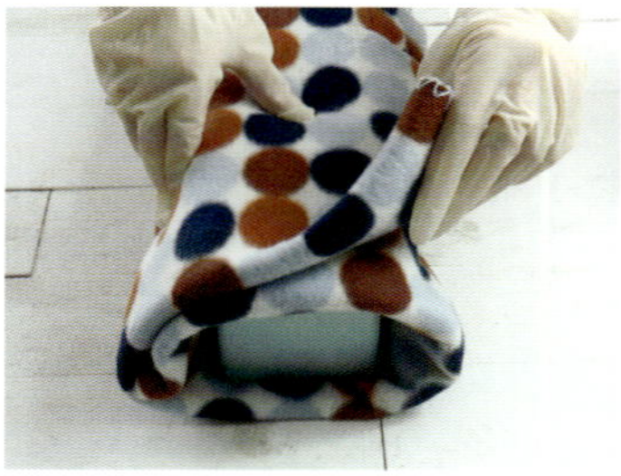

7 用毯子或毛巾包裹模具皂化1天，切割后再熟成约2周。

小贴士 胶原蛋白不易搅拌时可使用搅拌器略微搅动，但如果过度搅拌会出现过黏的状态，使香皂硬度过大。

Collagen Soap

皂士剃须香皂

这款香皂适合送给男朋友、丈夫、弟弟做礼物。因为它能够起到柔肤功效，在使用剃须刀时不易伤到皮肤。在干燥的季节，女性使用也能够起到使皮肤保湿的效果。当然，夏季穿着泳装之前去体毛时也可以用它。

难易度
一般
预期时间
45分钟
加热过程
有
保存
干燥常温下
1~3年

<1kg 分量>

基础油(750g)
棕榈油 200g
椰子油 200g
葡萄籽油 100g
甜杏仁油 100g
蓖麻油 100g
小麦胚芽油 50g

苛性钠 106g(5% DC)
精制水 247g

添加物
维生素E 10g
膨润土 15g
温泉汤花粉 5g

天然精油
广藿香 4mL
薰衣草 10mL
橘子 5mL
茶树 5mL

膨润土属于火山灰的一种，因具有黏性，可充当柔软剂，刮胡子时，能够用其打出细密光滑且持久的泡沫。
温泉汤花粉被称为"天然入浴剂"，具有抗炎、柔肤的功效。

1 分别计量精制水及苛性钠后，在精制水中一点点倒入苛性钠并均匀搅拌。

2 基础精油依照棕榈油、椰子油、葡萄籽油、甜杏仁油、蓖麻油、小麦胚芽油的顺序计量并倒入烧杯，用电陶炉加热至45℃。

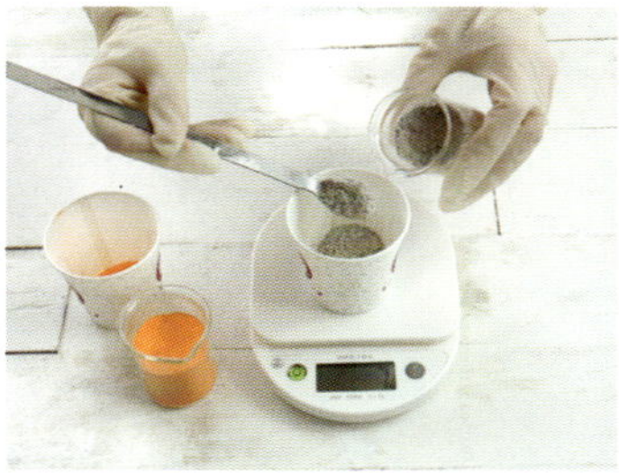

3 加热**2**时，分别计量膨润土和温泉汤花粉待用。

4 **1**中苛性钠水溶液达到45℃后倒入**2**，用勺子朝同一方向（搅拌器方向）搅拌10分钟，用搅拌器搅拌5~10秒，呈酸奶状的黏度即可。

5 在 4 中倒入维生素E及天然精油，用勺子均匀搅拌。

6 将皂液分为两半，分别倒入计量后的膨润土和温泉汤花粉，均匀搅拌。

7 先将温泉汤花粉皂液倒入模具，再将膨润土皂液呈数字11的形状倒入模具两侧。

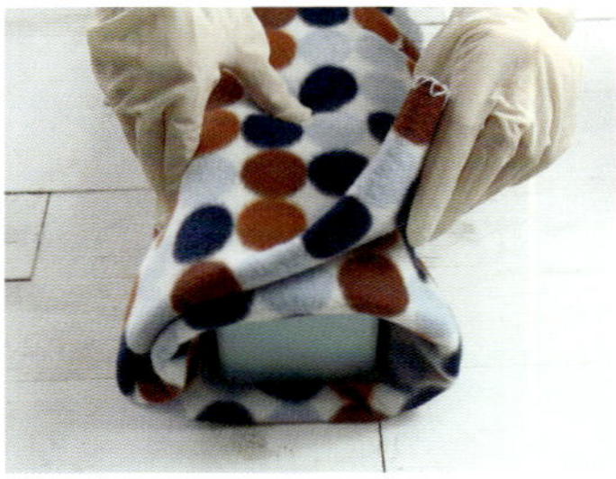

8 用毯子或毛巾包裹模具皂化1天，切割后再熟成约4周。

Bentonite Shaving Soap

橄榄马赛香皂

这款香皂富含橄榄油，具有高保湿功效。虽然泡沫并不丰富，但由于无刺激、原料单纯，非常适合幼儿娇嫩的肌肤。添加100%橄榄油的橄榄皂过软，添加椰子油的马赛香皂使用起来更舒适。

难易度
一般
预期时间
45分钟
加热过程
有
保存
干燥常温下
1~3年

<1kg 分量>

基础油(750g)
棕榈油 100g
椰子油 100g
橄榄油（特级初榨）520g
火麻仁油 30g

苛性钠 100g(5% DC)
精制水 247g

添加物
维生素E 10g

天然精油
香柏木 2mL
薰衣草 10mL
佛手柑 15mL

橄榄油种类众多，“特级初榨”是指榨取橄榄油后所获得的纯油，含有大量油酸及维生素E，由标明“pure”等级的精制油与初榨油混合而成。此处您可以选用在超市能够购买到的特级初榨橄榄油。

1 分别计量精制水与苛性钠后，在精制水中一点点倒入苛性钠并均匀搅拌。

2 基础油依照棕榈油、椰子油、橄榄油（特级初榨）、火麻仁油的顺序计量并倒入烧杯，用电陶炉加热至45℃。

3 1的苛性钠水溶液达到45℃后倒入2，用勺子朝同一方向（搅拌器方向）搅拌10分钟，再用搅拌器搅拌30秒以上，呈酸奶状的黏度即可。

4 在3中添加维生素E及天然精油并用勺子搅拌。

5 将4的皂液倒入模具，抓紧模具两侧轻叩操作台面，使表面变得平滑。

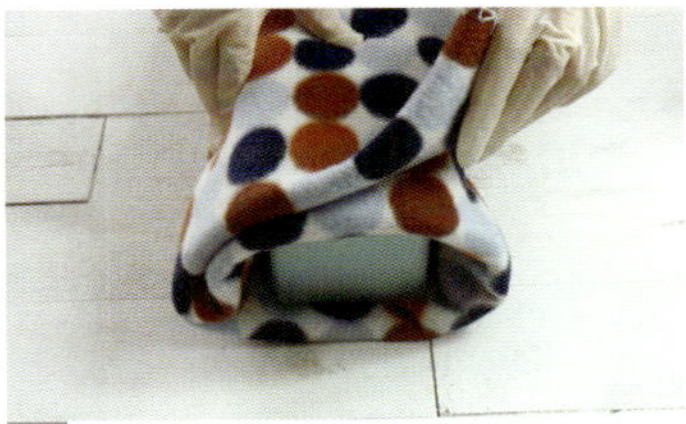

6 用毯子或毛巾包裹模具皂化3~4天，切割后再熟成约4周。

小贴士 与其他香皂相比，这款香皂质地较软，不要第二天立即从模具中取出，多干燥几天后取出切块。特级初榨橄榄油稠化时间长，因此需要使用搅拌器搅拌稍久一些。

印楝粉除脚气皂

光脚穿凉鞋的夏季和穿上裤袜及靴子长时间无法排汗的冬季，有不少女性朋友为脚气深感困扰。这款香皂能够帮助您打败羞于启齿却令人痛苦不已的脚气。您可以悄悄地用它来治疗脚气哦。

难易度
略有难度
预期时间
45分钟
加热过程
有
保存
干燥常温下
1~3年

<1kg 分量>

基础油(750g)
棕榈油 200g
椰子油 200g
绿茶籽油 200g
印楝油 50g
葵花籽油 100g

苛性钠 107g(5% DC)
精制水 247g

添加物
维生素E 10g
印楝粉 20g

天然精油
香柏木 4mL
柠檬草 10mL
茶树 10mL
迷迭香 5mL

印楝粉含有维生素E、必需氨基酸、印楝素，具有超强抗菌功效

1 分别计量精制水与苛性钠后，将苛性钠一点点倒入精制水中并均匀搅拌。

2 基础油依照棕榈油、椰子油、绿茶籽油、印楝油、葵花籽油的顺序计量并倒入烧杯，用电陶炉加热至45℃。

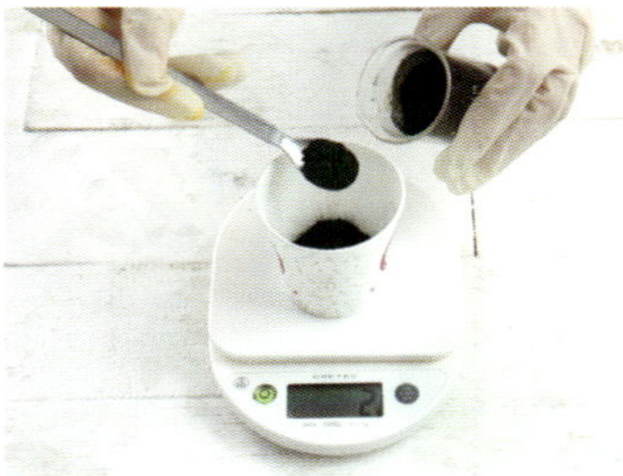

3 在加热 2 时，计量印楝粉。

4 当 1 的苛性钠水溶液加热至45℃后，倒入 2 并用勺子朝同一方向（搅拌器方向）搅拌10分钟，再用搅拌器搅拌5~10秒，呈酸奶状的黏度即可。

5 在4中添加维生素E和天然精油，用勺子均匀搅拌。

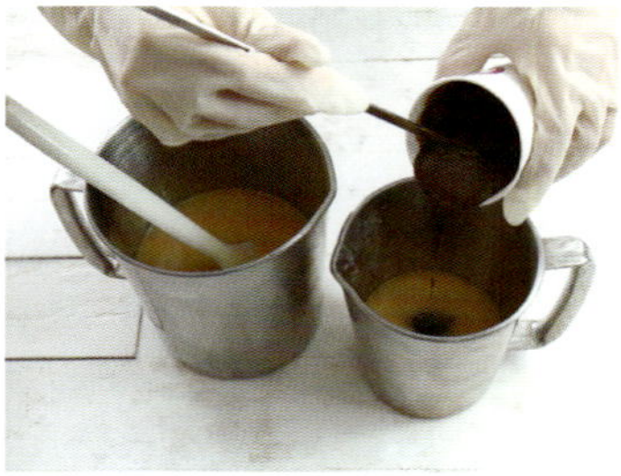

6 将5中1/3的皂液取出，倒入印楝粉并均匀搅拌。

7 将5中剩余皂液倒入模具，再将6的印楝粉皂液呈S形倒入模具，制成大理石花纹。

8 用温度计在平分线处画线，完成花纹造型。

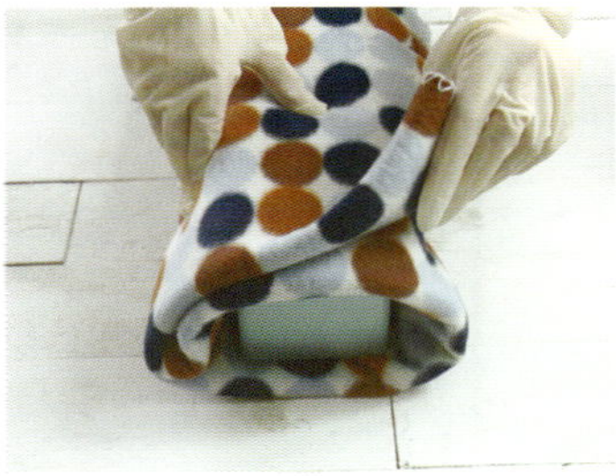

9 用毯子或毛巾包裹模具皂化1天，再熟成约4周。

木炭清洁香皂

木炭具有吸附代谢物并将其排出皮肤外的功效，因此常被用来制成鼻贴。特别是在去除油性或粉刺性皮肤代谢物方面具有显著功效。

难易度
一般
预期时间
30分钟
加热过程
有
保存
干燥常温下
1~3年

<1kg 分量>

基础油(750g)
棕榈油 200g
椰子油 200g
葡萄籽油 150g
杏仁油 100g
澳洲坚果油 100g

皂化水 323g(43%)

添加物
维生素E 10g
优质木炭粉 10g

天然精油
广藿香 4mL
薰衣草 10mL
薄荷 10mL

木炭能够吸附有害成分并将其排出，能够抑制微生物或霉菌的生长并防止腐败。常用来作为去除鼻子黑头的原料。

1 基础油依照棕榈油、椰子油、葡萄籽油、杏仁油、澳洲坚果油的顺序分别计量并倒入烧杯，用电陶炉加热至60℃。

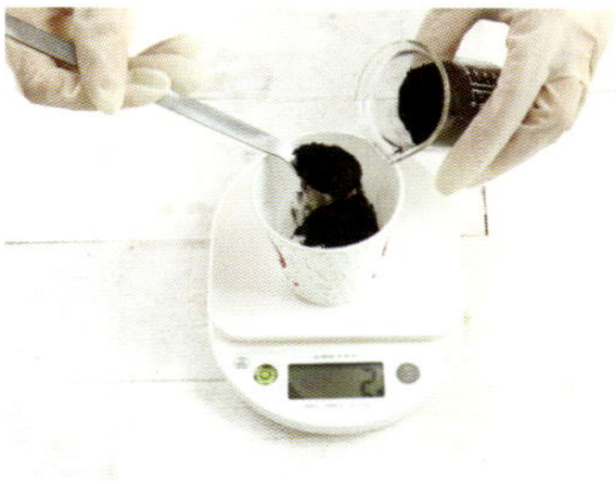

2 分别计量常温皂化水及木炭粉。

3 在1中倒入常温皂化水，用勺子朝同一方向（搅拌器方向）搅拌10分钟，再用搅拌器搅拌5~10秒，呈酸奶状的黏度即可。

4 将部分3的皂液倒入2的木炭粉中并均匀搅拌。

5 在**3**中添加**4**的皂液及维生素E、天然精油并均匀搅拌。

6 将**5**的皂液倒入圆形模具。

7 用保鲜膜覆盖模具表面，用毯子或毛巾包裹模具皂化1天，切块后再熟成约2周。

小贴士 在圆形模具中覆盖保鲜膜，既能够保温，又可以防止皂液倾洒

用羊皮纸包装圆形香皂

1. 将用保鲜膜包裹后的香皂放置在羊皮纸正中，将羊皮纸的一角向内折叠。

2. 沿逆时针方向将羊皮纸折叠聚拢在中间。

3. 在聚拢的中间部位粘贴造型贴纸。

乳木果油高效保湿香皂

乳木果油保湿效果好，在干燥的季节是一款深受欢迎的原料，而且具有抗炎效果，能够改善敏感性肤质并防止皮肤老化。这是一款犹如奶油般细滑、有着柔和泡沫的高级美白香皂。

难易度
一般
预期时间
45分钟
加热过程
有
保存
干燥常温下
1~3年

<1kg 分量>

基础油(750g)
棕榈油 150g
椰子油 150g
乳木果油 250g
辣木油 100g
蓖麻油 100g

苛性钠 101g(5% DC)
精制水 247g

添加物
维生素E 10g

天然精油
松木 5mL
柠檬马鞭草 10mL
薰衣草 8mL

乳木果生长于沙漠地区，具有超强锁水能力，抗炎效果显著。因为属于黄油类，所以能令香皂更坚实、泡沫持久、细腻。
辣木油富含被称为油酸的不饱和必需脂肪酸，对皮炎及敏感性、干性皮肤能够起到改善作用。

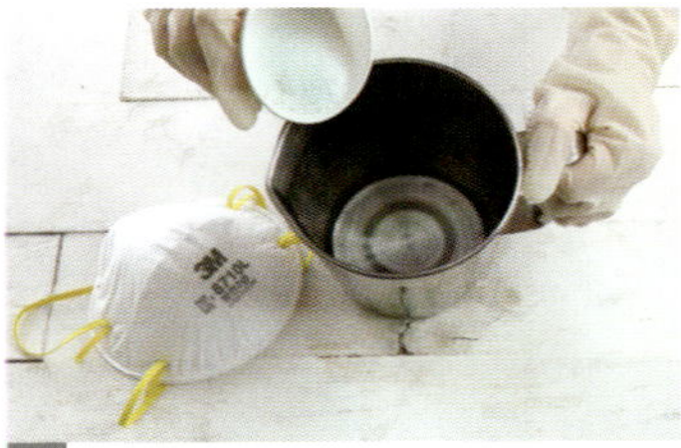

1 分别计量精制水、苛性钠，在精制水中一点点倒入苛性钠并均匀搅拌。

2 基础油依照棕榈油、椰子油、乳木果油、辣木油、蓖麻油的顺序分别计量并倒入烧杯，用电陶炉加热至45℃。

3 1的苛性钠水溶液达到45℃后倒入2，用勺子朝同一方向（搅拌器方向）搅拌10分钟，再用搅拌器搅拌5秒，呈酸奶状的黏度即可。

4 在3中添加维生素E及天然精油并均匀搅拌。

5 将4的皂液倒入模具，5分钟后用木筷夹起表面，使其呈现旋风状。

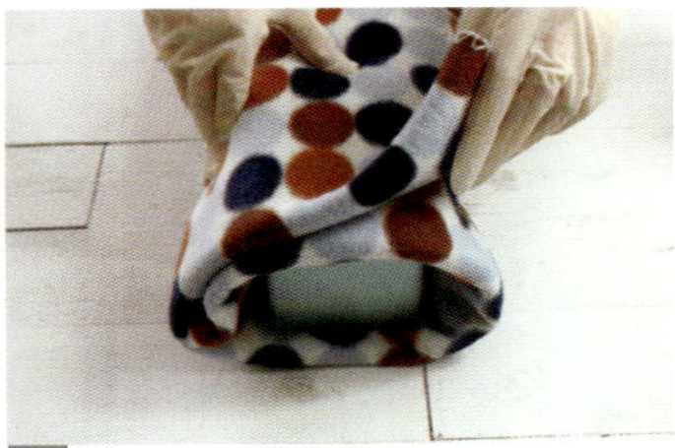

6 用毯子或毛巾包裹模具皂化1天，切块后再熟成约4周。

小贴士 含有乳木果油时，稠化时间较短，可以相应缩短搅拌器使用时间。

香蕉奶油香皂

香蕉因其味美及富含蛋白质而出名。为暗淡、松弛的肌肤带来生机与弹力的这款香皂，因其奶油般丰富的泡沫，一定能令您印象深刻。

难易度
一般
预期时间
45分钟
加热过程
有
保存
冷藏保存1年

<1kg 分量>

基础油(750g)
棕榈油 200g
椰子油 200g
芥花油 200g
米糠油 100g
芒果黄油 50g

皂化水 300g(40%)

添加物
维生素E 10g
葡萄柚提取液 3g
香蕉 1根
栀子黄色素 2g

天然精油
乳香 5mL
山鸡椒 15mL
马郁兰 5mL

香蕉含有维生素B_6、维生素A、β-胡萝卜素等成分，能够提高人体免疫力、抗衰老。还含有其他水果没有的蛋白质成分，能够对皮肤起到保护作用。

1 基础油依照棕榈油、椰子油、芥花油、米糠油、芒果黄油的顺序分别计量并倒入烧杯，用电陶炉加热至60℃。

2 在1中倒入常温的皂化水后用勺子朝同一方向（搅拌器方向）搅拌10分钟，再用搅拌器搅拌5~10秒，至呈酸奶状的黏度即可。

3 将切好的香蕉放入另一烧杯，添加维生素E及葡萄柚提取液并均匀搅拌。

4 在3中添加栀子黄色素及2的部分皂液，用搅拌器搅拌至适当黏稠。

5 在2的剩余皂液中添加4和天然精油，用勺子均匀搅拌后倒入模具。

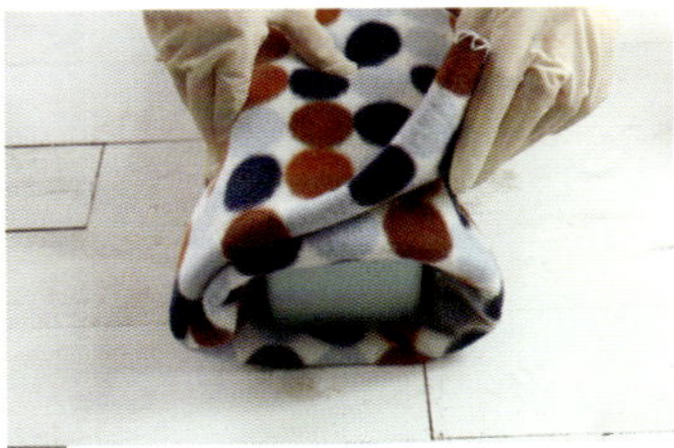

6 用毯子或毛巾包裹模具皂化1天，切块后再熟成约2周。

小贴士 为减少褐变现象，最初不添加香蕉，开始出现稠化现象后再添加。

红参发酵香皂

这款香皂富含对身体益处多多的红参，且泡沫丰富，红参中的皂角成分能够令皮肤细胞更加健康。

难易度
一般
预期时间
35分钟
加热过程
有
保存
干燥常温下
1~3年

<1kg 分量>

基础油(750g)
棕榈油 170g
椰子油 170g
澳洲胡桃油 150g
杏仁油 200g
山茶油 60g

皂化水 323g(43%)

添加物
维生素E 10g
人参粉 10g
红参发酵液 15g

天然精油
广藿香 4mL
薰衣草 10mL
佛手柑 15mL

红参中的皂角成分具有提高造血功能、促进血液循环和皮肤细胞再生的功效。发酵成分能够加速皮肤吸收，对易发炎症的皮肤很有帮助。可以添加保健食品中的红参液。

1 基础油依照棕榈油、椰子油、澳洲胡桃油、杏仁油、山茶油的顺序分别计量并倒入烧杯，用电陶炉加热至60℃。

2 在**1**中倒入常温的皂化水后用勺子朝同一方向（搅拌器方向）搅拌10分钟，再用搅拌器搅拌5~10秒，呈酸奶状的黏度即可。

3 在**2**中倒入维生素E及天然精油，上下均匀搅拌。

4 将红参发酵液及人参粉搅拌后，将**3**中的皂液倒入1/3并均匀搅拌。

5 将**3**中剩余皂液及红参皂液交替倒入圆形模具。

6 将温度计深入模具底部，呈旋风状搅拌，制成大理石花纹。

7 用保鲜膜覆盖表面并用毯子或毛巾包裹模具皂化1天，切块后再熟成约2周。

小贴士 红参发酵液平时可冷藏保存，制作香皂前，预先取出所需量，常温下待温度升高后添加，能够避免与其他添加物的分离。

Red ginseng Soap

米糠香皂

您知道大米胚芽是储存营养的仓库吗？这款香皂中就充溢着这些营养。它能够令您的肌肤倍显健康光泽，同时为您缓解皮肤瘙痒。它泡沫丰富、高效保湿，在洗脸皂中是一款人气之选。

难易度
一般
预期时间
45分钟
加热过程
有
保存
干燥常温下
1~3年

<1kg 分量>

基础油(750g)
棕榈油 200g
椰子油 200g
米糠油 250g
橄榄油（纯净）100g

苛性钠 104g(5% DC)
精制水 247g

添加物
维生素E 10g
玄米粉 15g
板栗壳粉 5g

天然精油
香柏木 4mL
薰衣草 10mL
迷迭香 5mL

米糠油又被称为“rice bran oil”，是米糠中的提取油。它富含γ-谷维素及矿物质，能够在细胞内起抗氧化作用。此外它还能够促进血液循环及皮肤代谢，具有美白功效。不仅如此，由于其对皮炎症状及成人皮肤瘙痒具有一定功效，常被用作香皂原料。

1 分别计量精制水及苛性钠，在精制水中一点点倒入苛性钠。

2 基础油依照棕榈油、椰子油、米糠油、橄榄油（纯净）的顺序分别计量并倒入烧杯，用电陶炉加热至45℃。

3 **1**的苛性钠水溶液达到45℃后，倒入**2**并用勺子朝同一方向（搅拌器方向）搅拌10分钟，再用搅拌器搅拌5~10秒，呈酸奶状的黏度即可。

4 在**3**中添加维生素E及天然精油，上下均匀搅拌。

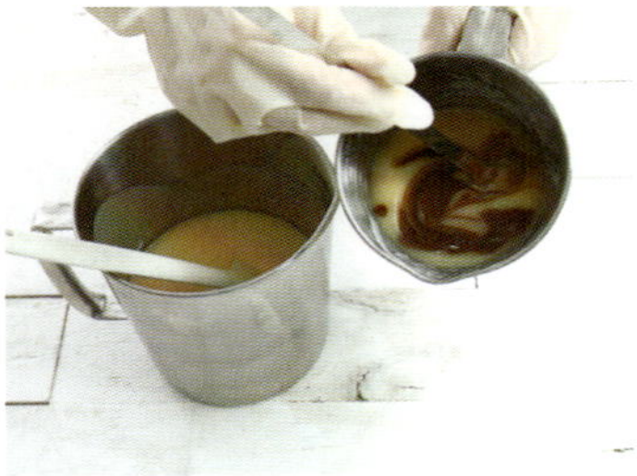

5 将**4**的皂液二等分，其中一半添加玄米粉，另一半添加板栗壳粉，均匀搅拌。

6 先在模具中倒入玄米粉皂液，勺子倾斜着放置在模具中；再倒入板栗壳粉皂液，制作分层香皂。

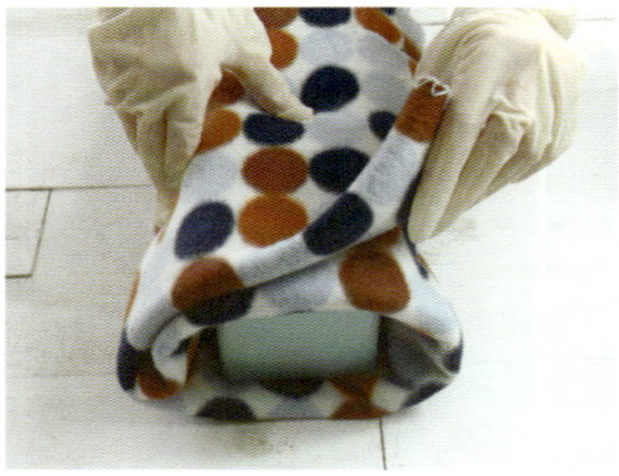

7 用毯子或毛巾包裹模具皂化1天，切块后再熟成约4周。

小贴士 这款香皂容易酸败，因此需放置在阴凉通风处。倒入板栗壳皂液时用勺子倾斜挡隔的原因是便于清晰分层

Rice Soap

除黑头香皂

鼻梁上一处处暗淡的黑头令人自信感大打折扣。这款香皂能够在炎热的天气帮助收缩扩张的毛孔，柔和地去除鼻子上的黑头。

难易度
一般
预期时间
45分钟
加热过程
有
保存
干燥常温下
1~3年

<1kg 分量>

基础油(750g)
棕榈油 200g
椰子油 200g
甜杏仁油 200g
葡萄籽油 100g
蓖麻油 50g

皂化水 323g(43%)

添加物
维生素E 10g
红豆粉 10g
板栗壳粉 10g
绿细泥 5g

天然精油
广藿香 4mL
薰衣草 10mL
迷迭香 15mL

红豆粉与绿细泥能够清除深层黑头。板栗壳粉含有鞣酸成分，能够收缩毛孔。

1 基础油依照棕榈油、椰子油、甜杏仁油、葡萄籽油、蓖麻油的顺序分别计量并倒入烧杯，用电陶炉加热至60℃。

2 在1中倒入常温皂化水，用匕子朝同一方向（搅拌器方向）搅拌10分钟，再用搅拌器搅拌5~10秒，呈酸奶状即可。

3 添加维生素E及天然精油，上下均匀搅拌。

4 将3的皂液三等分，分别添加红豆粉、板栗壳粉、绿细泥并均匀搅拌。

5 在模具中央分别依次倒入4的红豆粉皂液、绿细泥皂液、板栗壳粉皂液。

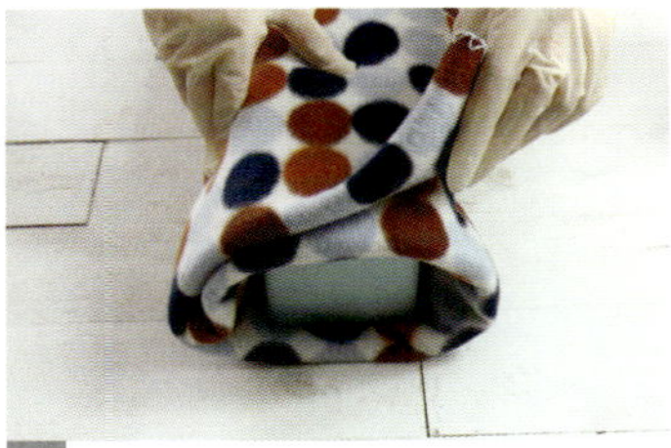

6 用毯子或毛巾包裹模具皂化1天，切块后再熟成约4周。

紫云膏香皂

朝鲜人许浚的《东医宝鉴》中曾有记载，紫云膏油是从葵花籽油中提炼而出的。它能够促进皮肤再生，对改善干燥、瘙痒皮肤及具有炎症的皮肤效果显著。这款香皂泡沫柔和，给人以按摩般的舒适感。

难易度
一般
预期时间
35分钟
加热过程
有
保存
干燥常温下
1~3年

<1kg 分量>

基础油(750g)
棕榈油 200g
椰子油 200g
紫云膏（葵花籽油）浸泡油 200g
山茶油 150g

皂化水 323g(43%)

添加物
维生素E 10g
竹炭粉 5g
胭脂虫红粉 3g

天然精油
乳香 4mL
薰衣草 10mL
德国洋甘菊 5mL
桉树 5mL

紫云膏含有枳实、陈皮、黄芩、当归、紫草、甘菊、苦参、金银花、白芷、连翘、榆根皮、芍药、马齿苋等药材，对改善瘙痒、粉刺、皮炎、主妇湿疹、烧伤等皮肤症状均有疗效。
葵花籽油富含卵磷脂，能够起到保护皮肤的功效。

1 基础油依照棕榈油、椰子油、紫云膏浸泡油、山茶油的顺序分别计量并倒入烧杯，用电陶炉加热至60℃。

2 在**1**中倒入常温皂化水，用勺子朝同一方向（搅拌器方向）搅拌10分钟，再用搅拌器搅拌5~10秒，呈酸奶状的黏度即可。

3 添加维生素E及天然精油，上下均匀搅拌。

4 分别在两个纸杯中倒入竹炭粉及胭脂虫红粉，再分别倒入**3**的皂液，皂液达到纸杯2/3高度即可，均匀搅拌后再用搅拌器搅拌至黏稠状。

5 在模具中央倒入**3**中剩余的皂液，再将**4**中竹炭粉皂液及胭脂虫红粉皂液呈图中所示形状倒入。

6 反复进行**5**的操作，直至填充满模具。

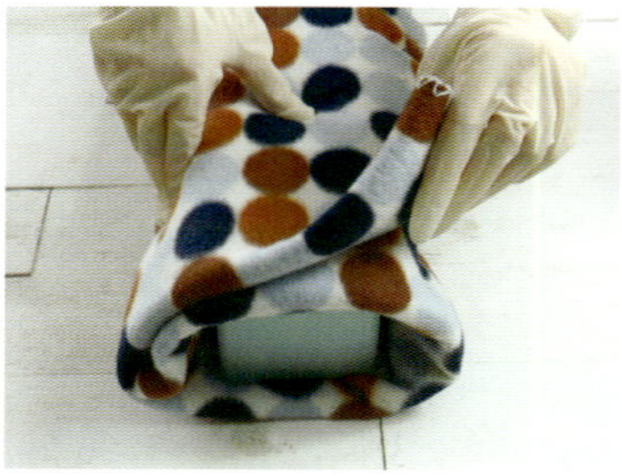

7 用毯子或毛巾包裹模具皂化1天，切块后再熟成约2周。

1. 准备好切割后凝固2~3天的香皂和印章待用。

2. 握紧香皂两端，使用恰当力度按下印章。

桑黄褐化香皂

正如同在长时间熟成后的昂贵的红酒中能够品味到绝妙的香醇，这款香皂熟成后柔和、香浓的泡沫堪称一绝。它是具有淡化黑痣、去除斑痕功效的一款洁面皂。

难易度
一般
预期时间
35分钟
加热过程
有
保存
干燥常温下
1~3年

<1kg 分量>

基础油(750g)
棕榈油 150g
椰子油 150g
黑芝麻油 200g
杏仁油 150g
橄榄油（纯净）100g

苛性钠 103g(5% DC)
精制水 237g

添加物
维生素E 10g
桑黄粉 5g
荷荷巴油（超脂）40g

天然精油
佛手柑 5mL
薰衣草 10mL
天竺葵 5mL
柠檬马鞭草 5mL

黑芝麻又被称为“黑荏子”，含有不饱和脂肪酸，有助于皮肤保湿及再生。
桑黄具有显著的促进皮肤细胞再生及紧致肌肤的功效，此外还具有淡化黑痣、雀斑及去除皮肤疤痕的效果。

1 分别计量精制水及苛性钠，在精制水中一点点倒入苛性钠并均匀搅拌。

2 基础油依照棕榈油、椰子油、黑芝麻油、杏仁油、橄榄油（纯净）的顺序分别计量并倒入烧杯，用电陶炉加热至45℃。

3 **1**的苛性钠水溶液达到45℃后倒入**2**，用勺子朝同一方向（搅拌器方向）搅拌10分钟，再用搅拌器搅拌5秒，呈酸奶状的黏度即可。

4 在**3**中添加维生素E及天然精油，并加入荷荷巴油，上下均匀搅拌。

5 将4中2/3的皂液倒入桑黄粉中并均匀搅拌。

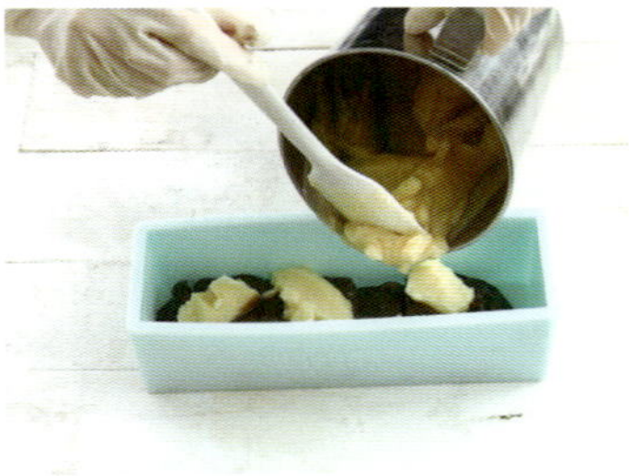

6 在模具中交替倒入5中的桑黄粉皂液和4中剩余的皂液。

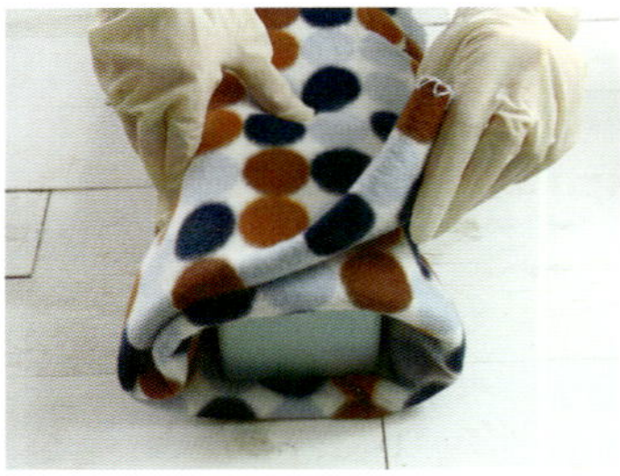

7 用毯子或毛巾包裹模具皂化1天，切块后再熟成约4周。

小贴士 添加超脂荷荷巴油，可以不用进行皂化，直接发挥精油的功效。

Sanghwang mushroom
briwning Soap

芦荟保湿香皂

芦荟因具有舒缓肌肤烧伤或阳光灼伤的功效而出名。很多化妆品中都添加有芦荟。如今，您可以制作出富含新鲜芦荟的香皂，亲自体验其保湿及护肤的功效。

难易度
一般
预期时间
45分钟
加热过程
有
保存
干燥常温下
1~3年

<1kg 分量>

基础油(750g)
棕榈油 150g
椰子油 150g
蓖麻油 200g
芥花油 150g
葡萄籽油 50g
小麦胚芽油 50g

皂化水 323g(43%)

添加物
维生素E 10g
芦荟粉 15g
芦荟浓缩粉 5g

天然精油
乳香 5mL
薰衣草 10mL
迷迭香 10mL
柑橘 5mL

芦荟中的芦荟蛋白成分能够抑制过敏反应，对于治疗伤口、促进细胞再生及保湿、美白均有效果

1 基础油依照棕榈油、椰子油、蓖麻油、芥花油、葡萄籽油、小麦胚芽油的顺序分别计量并倒入烧杯，用电陶炉加热至60℃。

2 在1中倒入常温皂化水，用勺子朝同一方向（搅拌器方向）搅拌10分钟，再用搅拌器搅拌5~10秒，呈酸奶状的黏度即可。

3 在皂液中添加维生素E及天然精油，上下均匀搅拌。

4 将3中的皂液平均倒入两个烧杯，各添加芦荟粉及芦荟浓缩粉，均匀搅拌。

5 将模具纵向放置，将两个烧杯相向举起，从模具一端开始匀速倒入皂液。

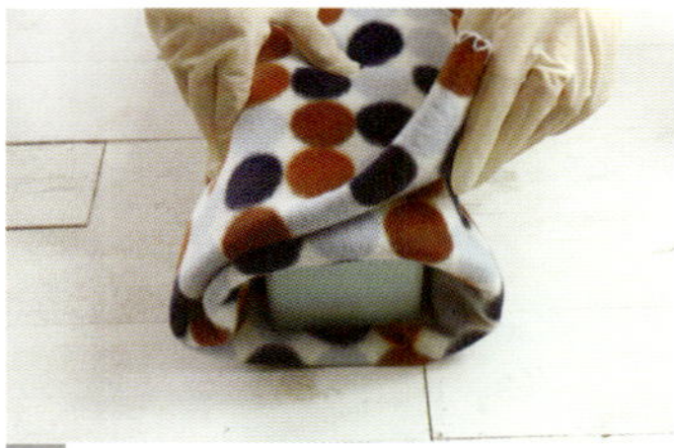

6 用毯子或毛巾包裹模具皂化1天，切块后再熟成约2周。

小贴士 为避免皂液混淆，注意控制两种皂液的黏度，使其达到一致，这样两种色彩的界线才能够分明

栀子金盏花香皂

闪耀金黄色泽的栀子与金盏花香草搭配出了这款具有幻想韵味的香皂。适用于粉刺性皮肤、敏感性皮肤、婴儿皮肤等各种肤质，应用范围较广。

难易度
一般
预期时间
45分钟
加热过程
有
保存
干燥常温下
1~3年

<1kg 分量>

基础油(750g)
棕榈油 200g
椰子油 200g
金盏花（大豆油）浸泡油 150g
蓖麻油 100g
白芒花籽油 100g

皂化水 315g(42%)

添加物
维生素E 10g
干金盏花 少许
栀子黄色素 5g

天然精油
广藿香 5mL
薰衣草 10mL
柑橘 5mL
迷迭香 5mL

大豆富含大豆异黄酮，有利于肌肤美白，此外其含有的卵磷脂具有保湿及抗衰老功效。
栀子黄色素是由栀子香草中提取出的黄色素，对于稳定肌肤能够起到良好功效。
柑橘比甜橙的颜色和香味更浓厚，能够令香皂色泽更靓丽，熟成后即使保存时间久，依然能够维持清香。

1 基础油依照棕榈油、椰子油、金盏花浸泡油、蓖麻油、白芒花籽油的顺序分别计量并倒入烧杯，用电陶炉加热至60℃。

2 在1中倒入常温皂化水，用勺子朝同一方向（搅拌器方向）搅拌10分钟，再用搅拌器搅拌5~10秒，呈酸奶状的黏度即可。

3 计量栀子黄色素，添加进2的皂液中，同时加入部分干金盏花。

4 在3中添加维生素E及天然精油，上下均匀搅拌。

5 在模具中倒入4中的皂液，表面撒上干金盏花，轻微按压。

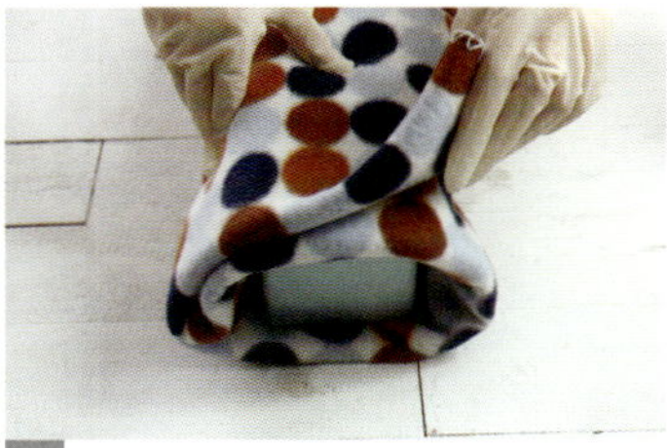

6 用毯子或毛巾包裹模具皂化1天，切块后再熟成约2周。

琼崖海棠抗敏感香皂

这是一款具有清爽草绿色泽的香皂。琼崖海棠油中的香豆素成分能够有效缓和炎症，帮助肌肤伤口恢复。此外，在为肌肤增添光泽的同时，精油本身迷人的香气更是独具一格。这可谓是“八面玲珑”的香皂哦。

难易度
一般
预期时间
45分钟
加热过程
有
保存
干燥常温下
1~3年

<1kg 分量>

基础油(750g)
棕榈油 150g
椰子油 150g
琼崖海棠油 200g
火麻仁油 100g
葡萄籽油 150g

皂化水 300g(40%)

添加物
维生素E 10g
二氧化钛（脂溶性液体）5g

天然精油
松木 5mL
广藿香 4mL
佛手柑 10mL
天竺葵 5mL

琼崖海棠油具有独特的浓郁香气，非固醇成分香豆素具有显著治愈能力，是易被皮肤吸收的油脂。
火麻仁油含有ω-3及ω-6，能够治愈受损细胞，提高肌肤保湿效果，是一款高价油脂。

1 基础油依照棕榈油、椰子油、琼崖海棠油、火麻仁油、葡萄籽油的顺序分别计量并倒入烧杯，用电陶炉加热至60℃。

2 在**1**中倒入常温皂化水，用勺子朝同一方向（搅拌器方向）搅拌10分钟，再用搅拌器搅拌5~10秒，呈酸奶状的黏度即可。

3 在**2**中添加维生素E及天然精油，上下均匀搅拌。

4 在纸杯中倒入少量**3**，添加二氧化钛后均匀搅拌。

5 在模具中先倒入 3 中剩余的皂液，再将 4 中二氧化钛皂液呈粗S形倒入。

6 利用温度计，在中间部位画出线条，制造大理石花纹。

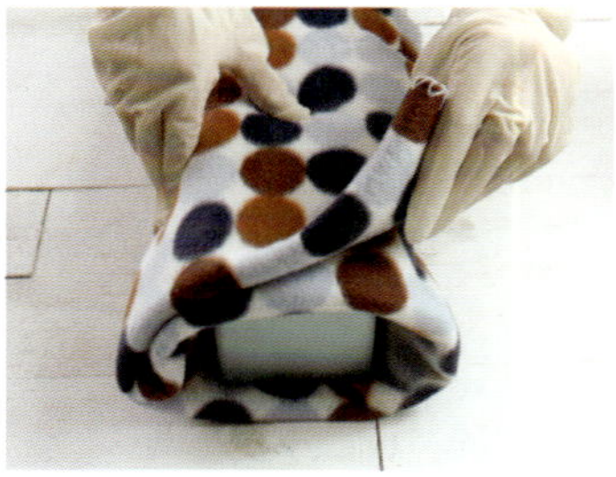

7 用毯子或毛巾包裹模具皂化1天，切块后再熟成约2周。

Tamanu Soap

玫瑰果再生香皂

玫瑰果又被称作“维生素C炸弹”，可见其对于皮肤的营养功效。玫瑰果不仅有助于去除皮肤斑痕，而且具有显著的促进肌肤再生功效。这款香皂保湿性强，在干燥的季节尤为受欢迎。香皂的泡沫柔和、丰富，请在脸部以轻缓画圆的方式洁面。

难易度
略有难度
预期时间
50分钟
加热过程
有
保存
干燥常温下
1~3年

<1kg 分量>

基础油(750g)
棕榈油 200g
椰子油 200g
玫瑰果油 150g
红花籽油 200g

苛性钠 106g(5% DC)
精制水 237g

添加物
维生素E 10g
粉红石泥 8g
二氧化钛（脂溶性液体）5g
干玫瑰花 少许

天然精油
玫瑰(3%稀释) 10mL
玫瑰草 5mL
花梨木 10mL
玫瑰天竺葵 5mL

提取自野生玫瑰果实的玫瑰果油中，富含的维生素C是柠檬的60倍，能够有效美白肌肤。且其含有的亚麻酸、维生素A、B族维生素、维生素D有助于改善皱纹、促进伤口愈合。野生玫瑰果近似于五味子，呈深红色，味道极酸，泡茶饮用可预防感冒。

1 分别计量精制水与苛性钠，将苛性钠一点点倒入精制水中并均匀搅拌。

2 基础油依照棕榈油、椰子油、玫瑰果油、红花籽油的顺序分别计量并倒入烧杯，用电陶炉加热至45℃。

3 **1**中的苛性钠水溶液达到45℃后，倒入**2**中，用勺子朝同一方向（搅拌器方向）搅拌10分钟，再用搅拌器搅拌5秒，呈酸奶状的黏度即可。

4 在皂液中添加维生素E及天然精油，上下均匀搅拌。

5 在2/3的**4**的皂液中添加部分粉红石泥及部分干玫瑰花，均匀搅拌后倒入模具。

6 使用笊篱，将剩余粉红石泥均匀撒在表面。

7 在**4**中剩余皂液中添加二氧化钛，待均匀搅拌后至呈奶油状，倾倒在香皂表面。

8 均匀撒上剩余干玫瑰花。

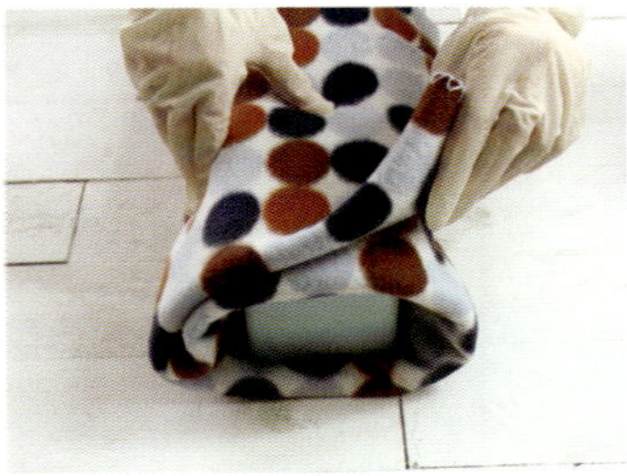

9 用毯子或毛巾包裹模具皂化1天，切块后再熟成约4周。

Rosehip Soap

沙棘维生素香皂

沙棘油富含维生素A、维生素C、维生素E和B族维生素，能够有效抗氧化、消除肌肤问题。特别是对于开始松弛及老化的肌肤效果显著。这款香皂给人清爽舒适的感觉，因此也深受男士喜爱。

难易度
略有难度
预期时间
45分钟
加热过程
有
保存
干燥常温下
1~3年

<1kg 分量>

基础油(750g)
棕榈油 200g
椰子油 200g
沙棘油 150g
葵花籽油 200g

苛性钠 89g(3% DC)
精制水 237g

添加物
维生素E 10g
小球藻粉 5g

天然精油
香柏木 4mL
杜松子 5mL
薰衣草 10mL
山鸡椒 5mL

提取自深橘黄色沙棘果实的沙棘油，具有其特有的香气，维生素C含量高达苹果的几百倍，且维生素A含量丰富，促进皮肤再生效果显著。
小球藻粉能够舒缓肌肤，即使添加到香皂中，其色泽也不易改变，因此常被用来制作香皂中的大理石花纹。

1 分别计量精制水与苛性钠，将苛性钠一点点倒入精制水中并均匀搅拌。

2 基础油依照棕榈油、椰子油、沙棘油、葵花籽油的顺序分别计量并倒入烧杯，用电陶炉加热至45℃。

3 1中苛性钠水溶液达到45℃后倒入2中，用勺子朝同一方向（搅拌器方向）搅拌10分钟，再用搅拌器搅拌5~10秒，呈酸奶状的黏度即可。

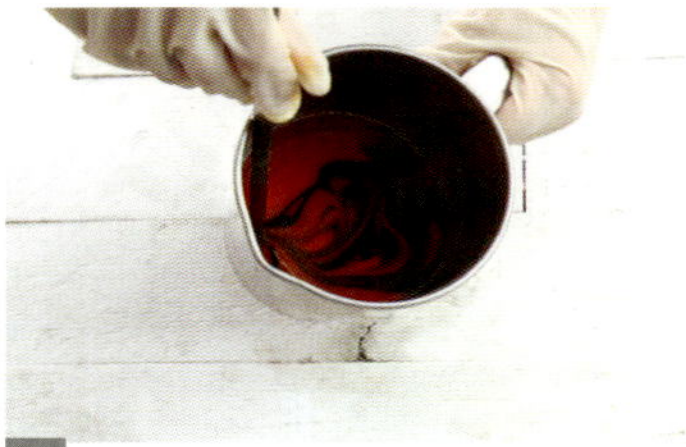

4 在3的皂液中添加维生素E及天然精油并均匀搅拌，取1/3，加入小球藻粉并均匀搅拌。

5 将4中小球藻粉皂液的一半先倒入模具，再倒入4中不含小球藻粉的皂液的一半，反复操作，制造出大理石花纹。

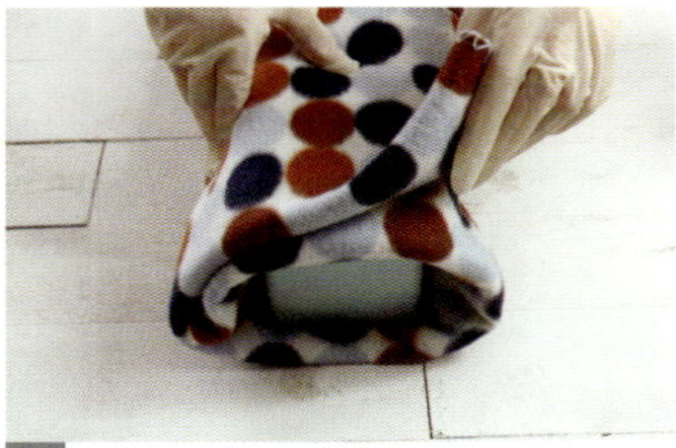

6 用毯子或毛巾包裹模具皂化1天，切块后再熟成约4周。

洋甘菊香皂

萦绕着隐隐的茶香，宁静舒适直达心底。这款散发着淡淡的洋甘菊香气的香皂清新柔和，即使婴儿肌肤也能够安心使用。洋甘菊对改善因尿布引起的斑疹、皮炎等也具有疗效。

难易度
一般
预期时间
30分钟
加热过程
有
保存
干燥常温下
1~3年

<1kg 分量>

基础油(750g)
棕榈油 150g
椰子油 150g
澳洲胡桃油 150g
葵花籽油 200g
乳木果油（非精制）50g
摩洛哥坚果油 50g

皂化水 300g(40%)

添加物
维生素E 10g

天然精油
德国洋甘菊 5mL
罗马洋甘菊 5mL
薰衣草 10mL

乳木果油（非精制）同样呈草绿色，香气独特，相对精制乳木果油，其保湿及抗炎功效更加显著，是一种高档原料。
洋甘菊是一种菊科花朵，呈深草绿色，香气类似苹果香，含有利于解决肌肤问题的香豆素成分，此外还具有促进睡眠的功效，同样适用于幼儿。

1 基础油依照棕榈油、椰子油、澳洲胡桃油、葵花籽油、乳木果油（非精制）、摩洛哥坚果油的顺序分别计量并倒入烧杯，用电陶炉加热至60℃。

2 在1中倒入常温皂化水，用勺子朝同一方向（搅拌器方向）搅拌10分钟，再用搅拌器搅拌5~10秒，呈酸奶状的黏度即可。

3 在2中添加维生素E及天然精油并上下均匀搅拌。

4 在模具中倒入3。

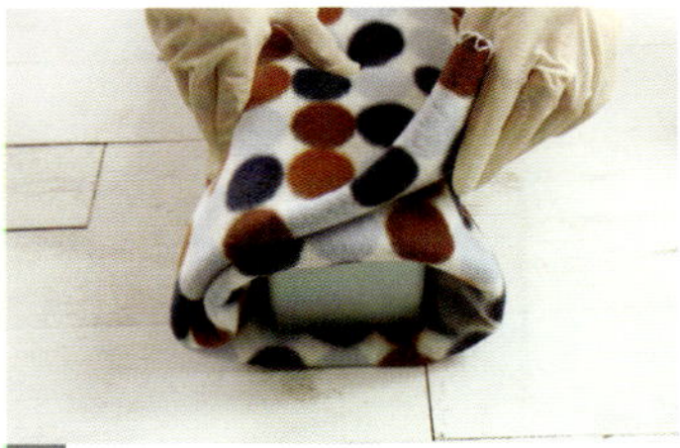

5 用毯子或毛巾包裹模具皂化1天，切块后再熟成约2周。

小贴士 添加德国洋甘菊后，香皂会呈现蓝色光泽，不必添加粉末。如果希望香皂的香气更浓郁，则可以另外添加洋甘菊粉。

茶树香皂

茶树因有助于改善粉刺性皮肤而被大众所熟知。特别是其低刺激性的特点，更令人倍添喜爱。茶树原料适合所有年龄层的人群使用，茶树香皂虽然泡沫并不丰富，但质感细腻、清爽。

难易度
一般
预期时间
40分钟
加热过程
有
保存
干燥常温下
1~3年

<1kg 分量>

基础油(750g)
棕榈油 200g
椰子油 200g
葡萄籽油 150g
圣约翰草油 100g
金盏花（大豆油）浸泡油 100g

皂化水 315g(42%)

添加物
维生素E 10g
茶树粉 15g
黄芩粉 5g

天然精油
香柏木 4mL
茶树 13mL
薰衣草 10mL

圣约翰草油的名字来源于一位宗教人士，这种精油又被称为金丝桃油，具有超强的抗菌性，涂抹在关节炎症部位并轻缓按摩，有助于缓解痛症。
香柏木同样具有抗菌性，将其作为基底香氛，能够防止香气的挥发，添加到熟成香皂中，有益于维持持久浓郁的香气。
黄芩粉具有抗过敏、抗菌功效，能够有效保护皮肤。

1 基础油依照棕榈油、椰子油、葡萄籽油、圣约翰草油、金盏花浸泡油的顺序分别计量并倒入烧杯，用电陶炉加热至60℃。

2 在1中倒入常温皂化水，用勺子朝同一方向（搅拌器方向）搅拌10分钟，再用搅拌器搅拌5~10秒，呈酸奶状的黏度即可。

3 在皂液中添加维生素E及天然精油并上下均匀搅拌。

4 分别在两个纸杯中添加茶树粉及黄芩粉，将皂液分别添加至两个纸杯的2/3处，均匀搅拌。

5 在模具中呈S形交替倒入**3**中剩余的白色皂液及**4**的茶树粉皂液、黄芩粉皂液。

6 用温度计在中央部位画出直线，制造出大理石花纹。

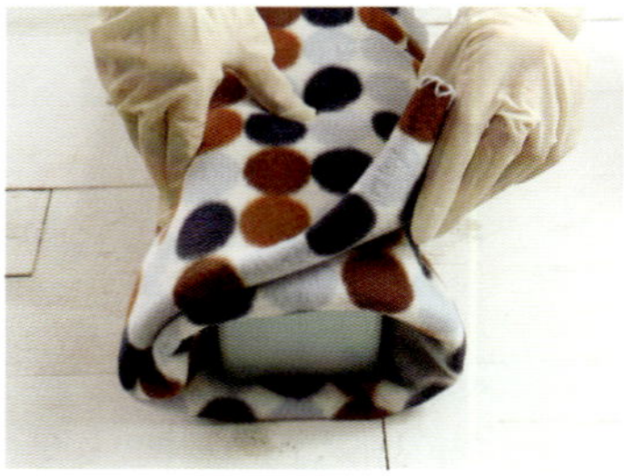

7 用毯子或毛巾包裹模具皂化1天，切块后再熟成约2周。

Teetree Soap

海藻集锦香皂

吸收了大海中丰富营养的海藻是这款香皂的基本原料，它有助于改善因阳光而引发的损伤或敏感性皮肤。而且，您也可以给自己的宠物使用这款香皂哦。

难易度
略有难度
预期时间
45分钟
加热过程
有
保存
干燥常温下
1~3年

<1kg 分量>

基础油(750g)
棕榈油 200g
椰子油 200g
山茶油 150g
杏仁油 100g
葵花籽油 100g

皂化水 315g(42%)

添加物
维生素E 10g
青海藻粉 5g
海带粉 5g
小球藻粉 5g

天然精油
乳香 4mL
薰衣草 10mL
天竺葵 5mL
柠檬 7mL

海藻中含有海藻酸，具有舒缓肌肤及保湿功效。其质感柔滑，能够有效提高肌肤及发质光泽。

1 基础油依照棕榈油、椰子油、山茶油、杏仁油、葵花籽油的顺序分别计量并倒入烧杯，用电陶炉加热至60℃。

2 在1中倒入常温皂化水，用勺子朝同一方向（搅拌器方向）搅拌10分钟，再用搅拌器搅拌5~10秒，呈酸奶状的黏度即可。

3 在皂液中添加维生素E及天然精油并上下均匀搅拌。

4 分别在三个烧杯中添加青海藻粉、海带粉、小球藻粉，将3的皂液三等分，分别倒入烧杯中并略微搅拌。

5 依照青海藻粉皂液、海带粉皂液、小球藻粉皂液的顺序倒入模具，大致分层，制成分层香皂。

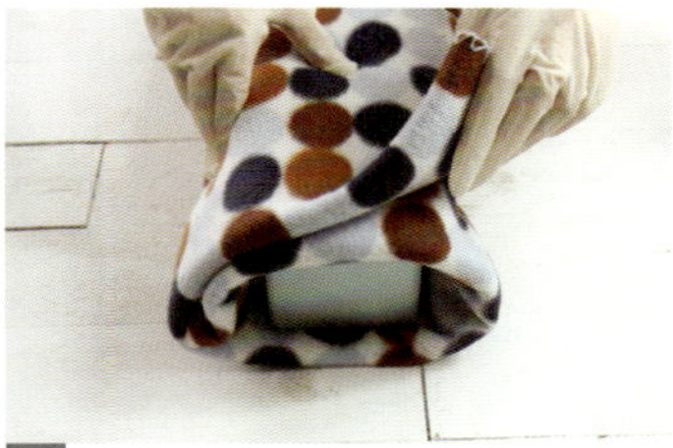

6 用毯子或毛巾包裹模具皂化1天，切块后再熟成约2周。

小贴士 如您希望达到清晰分层的效果，可将皂液略微制成过稠化状态，在分别倒入皂液时，用勺子倾斜着放在模具内作为辅助。

废食用油洗涤香皂

您是否将废食用油直接丢弃了呢？为了保护我们的环境，不妨尝试巧用废食用油制作香皂吧。不仅是剩余的食用油，即使是过了保质期限的食用油也可以制作出洗涤效果超强的香皂哦。

难易度
略有难度
预期时间
45分钟
加热过程
有
保存
干燥常温下
1~3年

<1kg 分量>

基础油(750g)
椰子油 130g
废食用油 600g
硬脂酸 20g

苛性钠 115g(9% OC)
精制水 200g(26%)

添加物
维生素E 10g
竹炭粉 5g

天然精油
香柏木 4mL
柠檬 10mL
苦橙叶 10mL

为了制作出紧实、泡沫丰富的香皂，原料中添加了硬脂酸及椰子油。也可以添加棕榈油代替硬脂酸。
竹炭具有杀菌效果，但不添加也无妨。

1 分别计量精制水与苛性钠，将苛性钠一点点倒入精制水中并均匀搅拌。

2 基础油依照椰子油、废食用油、硬脂酸的顺序分别计量并倒入烧杯，用电陶炉加热至45℃。

3 **1**中苛性钠水溶液达到45℃后倒入**2**中，用勺子朝同一方向（搅拌器方向）搅拌10分钟，再用搅拌器搅拌5秒，呈酸奶状的黏度即可。

4 在皂液中添加维生素E及天然精油并上下均匀搅拌。

5 在**4**中添加竹炭粉并略微搅拌。

6 将皂液倒入模具。

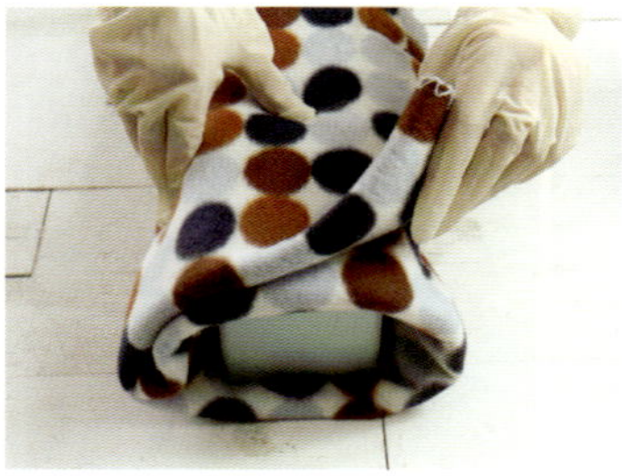

7 用毯子或毛巾包裹模具皂化1天，切块后再熟成4~6周。

小贴士 用笊篱将食用油中的杂质过滤后再使用。此外，在烹饪过程中食用油内可能含有水分，因此需适量减少精制水的使用量。在未达到4~6周熟成期之前，如果使用香皂进行洗涤，请务必戴上手套。

Laundry Soap

怀山药香皂

怀山药富含矿物质与黏液素，能够有效保护皮肤。此外，能够令暗沉的肌肤重现亮丽，对粗糙的肌肤起到保湿及活肤功效。这款香皂的泡沫细腻、持久，质感舒适。

难易度
一般
预期时间
35分钟
加热过程
有
保存
干燥常温下
1~3年

<1kg 分量>

基础油(750g)
棕榈油 200g
椰子油 200g
荷荷巴油 150g
猴面包树油 150g
月见草籽油 50g

皂化水 315g(42%)

添加物
维生素E 10g
怀山药粉 10g
玫瑰粉 10g
入浴剂（玫瑰）3g

天然精油
花梨木 5mL
橙花 7mL
佛手柑 10mL

猴面包树油富含ω-3、ω-6、ω-9等不饱和脂肪酸，能够改善肌肤干燥、老化、皲裂等问题。
怀山药虽然口感及香气并不出众，但由于其具有黏度，同样适合添加进牙膏中。

1 基础油依照棕榈油、椰子油、荷荷巴油、猴面包树油、月见草籽油的顺序分别计量并倒入烧杯，用电陶炉加热至60℃。

2 在**1**中倒入常温皂化水，用勺子朝同一方向（搅拌器方向）搅拌10分钟，再用搅拌器搅拌5~10秒，呈酸奶状的黏度即可。

3 在皂液中添加维生素E及天然精油并上下均匀搅拌。

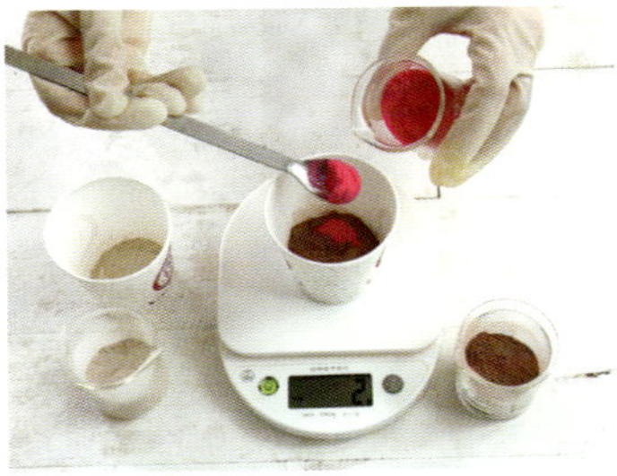

4 在一个纸杯中添加怀山药粉，另一个纸杯中添加玫瑰粉与入浴剂（玫瑰）。

5 在**4**的怀山药粉中倒入部分**3**的皂液，在玫瑰粉与入浴剂的混合物中倒入剩余皂液并略微搅拌。

6 在模具中倒入部分**5**的玫瑰粉皂液，再倒入部分怀山药粉皂液，反复此过程。

7 用试剂勺将模具中的皂液表面慢慢抹平。

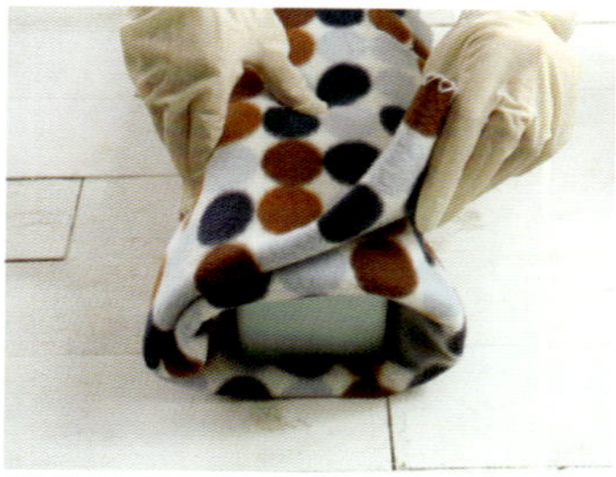

8 用毯子或毛巾包裹模具皂化1天，切块后再熟成约2周。

小贴士 预先在入浴剂中加入少许水，在操作过程中入浴剂已充分溶解，没有结块，更易于与皂液混合。

Yam Soap

斑马抗痘香皂

难易度
难
预期时间
50分钟
加热过程
有
保存
干燥常温下
1~3年

这是一款有效针对粉刺性皮肤，状如斑马纹的功能性香皂。清洁功能强，含有木炭及长蒴黄麻抗炎成分，不仅能够防止出现粉刺，而且能够淡化粉刺和斑痕。

<1kg 分量>

基础油(750g)
棕榈油 200g
椰子油 200g
葡萄籽油 150g
蓖麻油 100g
葵花籽油 100g

苛性钠 106g(5% DC)
精制水 247g

添加物
维生素E 10g
木炭粉 3g
高岭土 5g
长蒴黄麻粉 5g

天然精油
香柏木 3mL
薰衣草 8mL
迷迭香 5mL
茶树 6mL

木炭去除皮肤代谢物及炎症的功效显著。
长蒴黄麻被称为王者的蔬菜，呈黄绿色，富含β-胡萝卜素、钙质、多元酚，具有抗氧化、保湿、再生功能，能够快速淡化粉刺痕迹。

1 分别计量精制水与苛性钠，将苛性钠一点点倒入精制水中并均匀搅拌。

2 基础油依照棕榈油、椰子油、葡萄籽油、蓖麻油、葵花籽油的顺序分别计量并倒入烧杯，用电陶炉加热至45℃。

3 1中苛性钠水溶液达到45℃后倒入2中，用勺子朝同一方向（搅拌器方向）搅拌10分钟，再用搅拌器搅拌5~10秒，呈酸奶状的黏度即可。

4 在皂液中添加维生素E及天然精油并上下均匀搅拌。

5 将**4**的皂液三等分，分别添加木炭粉、高岭土、长蒴黄麻粉并均匀搅拌。

6 沿模具侧壁将**5**的木炭粉皂液缓慢倒入，用温度计清理模具侧壁，随后倒入长蒴黄麻粉皂液并用温度计清理模具侧壁，最后倒入高岭土皂液，防止颜色相互混淆。

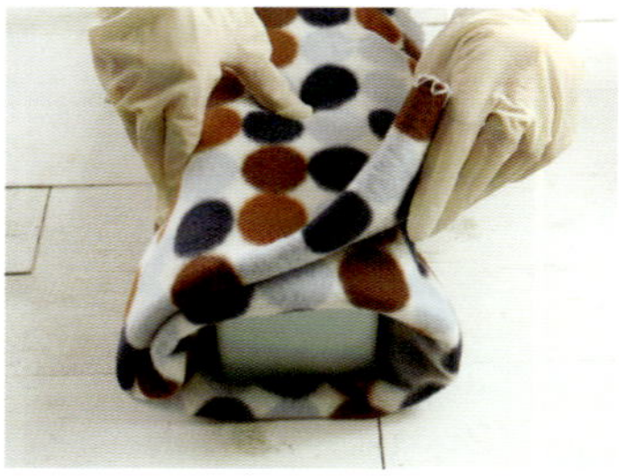

7 用毯子或毛巾包裹模具皂化1天，切块后再熟成约2周。

小贴士 如果希望斑马花纹更鲜明，注意防止稠化程度过稀。

Zebra antiacne Soap

珍珠嫩肤香皂

克娄巴特拉（埃及艳后）养护肌肤时，经常使用的原料是珍珠。珍珠能够令皮肤保持弱酸性，防止皮肤老化和斑痕产生，保持年轻肤质。用这款香皂清洁面部，还有助于化妆品的吸收。现在您是否理解为什么克娄巴特拉如此钟情于珍珠了呢？

难易度
难
预期时间
50分钟
加热过程
有
保存
干燥常温下
1~3年

<1kg 分量>

基础油(750g)
棕榈油 200g
椰子油 200g
杏仁油 150g
甜杏仁油 100g
葵花籽油 70g
玫瑰果油 30g

苛性钠 107g(5% DC)
精制水 247g

添加物
维生素E 10g
珍珠粉 8g
高岭土 5g
粉红石泥 3g
竹炭粉 2g
温泉汤花粉 3g

天然精油
乳香 3mL
薰衣草 10mL
花梨木 5mL
柠檬 10mL

珍珠能够提高皮肤免疫力、抗衰老，同时具有保湿功效。珍珠还能够促进血液循环、淡化斑点，产生美白效果。此外，其清洁效果显著，能够令肌肤更加洁净。
高岭土具有去除代谢物的功效，能够令香皂色彩白净，更加凸显其他粉末原料的鲜亮色泽。

1 分别计量精制水与苛性钠，将苛性钠一点点倒入精制水中并均匀搅拌。

2 基础油依照棕榈油、椰子油、杏仁油、甜杏仁油、葵花籽油、玫瑰果油的顺序分别计量并倒入烧杯，用电陶炉加热至45℃。

3 1中苛性钠水溶液达到45℃后倒入2中，用勺子朝同一方向（搅拌器方向）搅拌10分钟，再用搅拌器搅拌5~10秒，呈酸奶状的黏度即可。

4 在3中添加维生素E及天然精油并上下均匀搅拌。

5 分别计量珍珠粉、高岭土、粉红石泥、竹炭粉、温泉汤花粉，将珍珠粉与高岭土混合在一起。

6 将一半皂液倒入**5**中珍珠粉与高岭土的混合物，剩余皂液三等分，分别倒入其他粉末原料中，均匀搅拌。

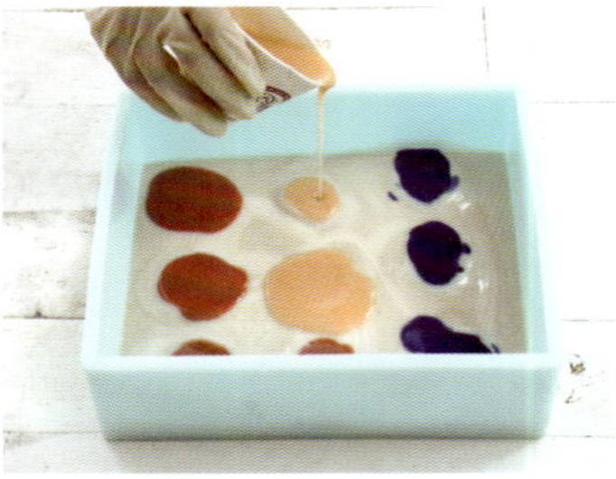

7 先将**6**的珍珠粉与高岭土皂液倒入模具，再将另外三种皂液分别呈圆饼状缓缓倒入，共3行3列。

8 反复将不同色泽的皂液呈3行3列重叠倒入模具，待充满模具后，用温度计勾画出花朵纹理。

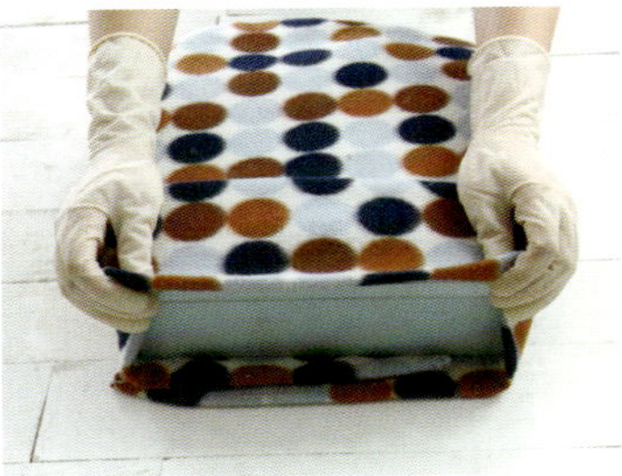

9 用毯子或毛巾包裹模具皂化1天，切块后再熟成约2周。

新造型主义香皂

这是一款能够令人联想到利用三原色作画的画家蒙德里安的香皂。香皂的特征是各种色彩的分割，其中加入多样化的原料，更彰显出丰富的色感。虽然对初学者来说略有难度，但对于希望制作出多样化香皂的朋友来说，却不失为一个新颖的创意。

难易度
难
预期时间
60分钟
加热过程
有
保存
干燥常温下
1~3年

<1kg 分量>

基础油(750g)
棕榈油 200g
椰子油 200g
杏仁油 100g
葡萄籽油 100g
山茶油 80g
荷荷巴油 70g

苛性钠 101g(5% DC)
精制水 237g

添加物
维生素E 10g
二氧化钛粉 5g
竹炭粉 5g
木炭粉 7g
胭脂虫红粉 3g
栀子黄色素 3g

天然精油
广藿香 4mL
薰衣草 8mL
橙花 6mL
柠檬 8mL

胭脂虫红粉是提取自仙人掌胭脂虫的酶粉，呈红色或紫色，无毒，常用作食品类或化妆品类的添加物

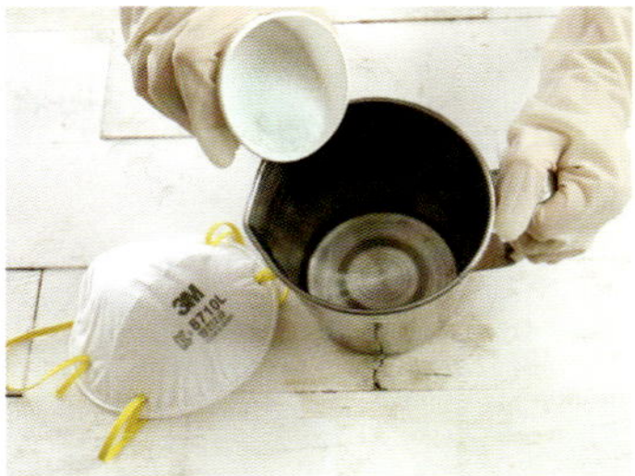

1 分别计量精制水与苛性钠，将苛性钠一点点倒入精制水中并均匀搅拌。

2 基础油依照棕榈油、椰子油、杏仁油、葡萄籽油、山茶油、荷荷巴油的顺序分别计量并倒入烧杯，用电陶炉加热至45℃。

3 苛性钠水溶液达到45℃后倒入**2**中，直接用搅拌器搅拌至较稀的粥状。

4 在皂液中添加维生素E及天然精油并均匀搅拌。

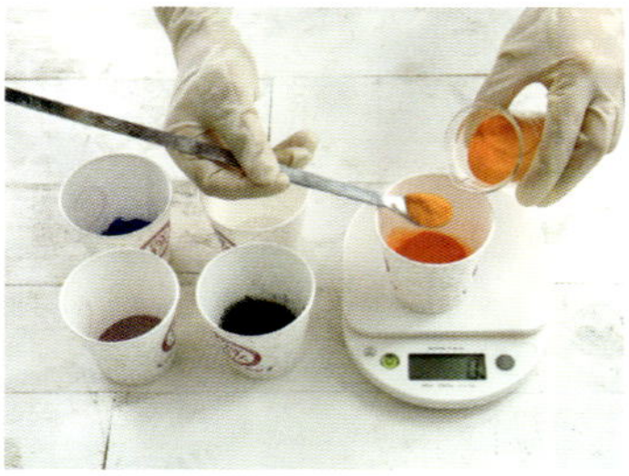

5 分别计量二氧化钛粉、竹炭粉、木炭粉、胭脂虫红粉、栀子黄色素。

6 将**4**的皂液与**5**中的5种粉末分别均匀搅拌，在盛放二氧化钛粉末的烧杯中添加全部皂液的1/3，剩余皂液平均分配，搅拌后分别盛装入挤花袋。

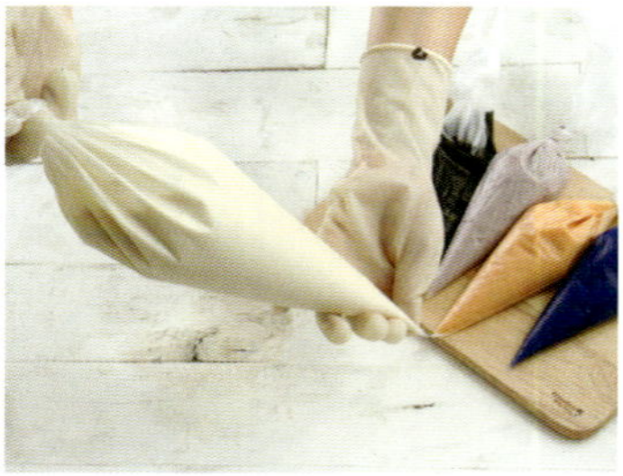

7 将依照不同颜色盛装好的挤花袋放在案板上。

8 在挤花袋口处截取直径1cm的口，先将白色皂液呈S形挤入模具，其他皂液依次呈S形挤入模具，勾勒出花纹，注意避免重叠。

9 反复交叉着画S形，直至填充满模具。

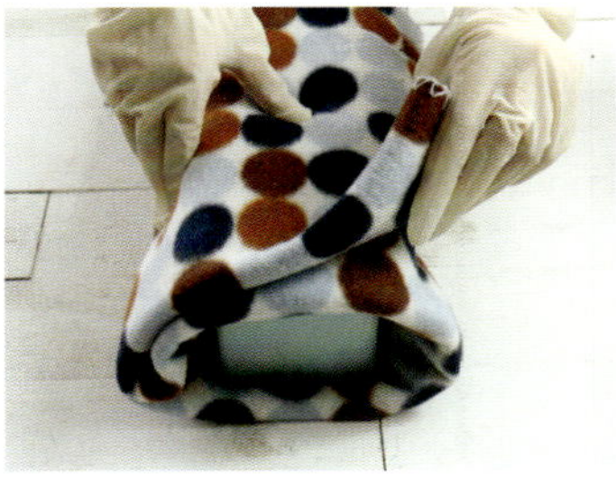

10 用毯子或毛巾包裹模具皂化1天，切块后再熟成约4周。

小贴士 在剪裁挤花袋口时，直径尺寸越小，挤出的花纹越细腻。

热制法制香皂

PART 4

HOT PROCESS

与品牌皂相媲美的高级香皂

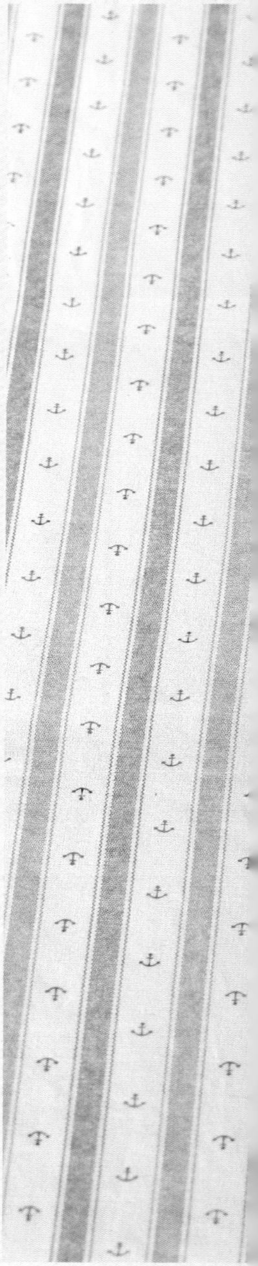

近来，国内渐渐涌现出了许多品牌香水、蜡烛，各式各样形态的香皂也逐步被大家所熟知。在家居装饰杂志或街边店铺中常能看到这些无论是功能还是嗅觉、视觉上均品质优越的产品。对漂亮的家居装饰品感兴趣的人们都希望借此来享受香气浓浓的奢华。但看到价格标签的瞬间，又会觉得想将好东西尽收囊中是如此负担重重。

相信各位通过前面关于MP香皂、CP香皂的介绍，已经学会了不少多样化香皂的制作方法。相对CP香皂，本章中介绍的热制法（Hot Process，HP）香皂，是在高达70℃以上的温度下，制作出的透明皂、液体皂等多种形态的香皂。但因其比MP、CP香皂的制作过程更复杂、时间更久，所以很少用于商业制造。然而，在制作洗涤用品时，HP是最为适合的方式，且熟成期一般为2周，比使用苛性钠水溶液的CP香皂时间短，这也是其优点。

在正式介绍配方之前，先向您介绍使用HP制作液体皂、透明皂的基本配方。

soap

制作HP液体皂前需确定事项

液体皂利用油脂与苛性钾（KOH）反应产生香皂与甘油的原理制作而成。完成稠化状态后，根据香皂的用途，用不同的溶液进行稀释，可构成多样化的配方。苛性钠（NaOH）在制作固体香皂时，能够起到固化香皂的作用，而苛性钾在制作HP液体皂时可令香皂保持凝胶形态。

1. 总油脂量

制作500g的香皂膏，所需基础油的量为250g。

2. 油脂构成比例

基础油中棕榈油及椰子油占60%~70%，剩余比例为其他油脂，这样能够保证清洗效果及透明度。（参考P311）

3. 苛性钾的量

可利用皂化价判断苛性钾的量。但无法皂化的油脂请加量（OC）10%并保证无剩余。（参考P319）

油脂量×皂化价=苛性钾量

4. 溶解苛性钾所需精制水的量

精制水与苛性钾量相同。

5. 白糖的量

在总油脂量中添加6%~9%的白糖，有助于提高保湿效果及液体皂透明度，同时能够稳定pH值。

6. 溶解白糖所需精制水的量

请添加白糖量的6~10倍。

7. 稀释液体皂香皂膏所需精制水的量

稀释香皂膏时所添加的水量为香皂膏的50%~100%，为添加物量的10%~30%。

8. 天然精油的量

请添加总油脂量的1%~3%。但儿童用品只需添加此量的一半即可。

HP液体皂基本配方

1. 在计量后的精制水中一点点添加苛性钾，温度保持在70℃。

与制作苛性钾水溶液时相同，需要在通风良好的环境下，佩戴防毒面具及橡胶手套操作。

2. 依照顺序计量基础油后，添加维生素E，用电陶炉加热至70℃。

初学者若不依照顺序添加，容易漏加油脂，因此应培养成依顺序添加的习惯。

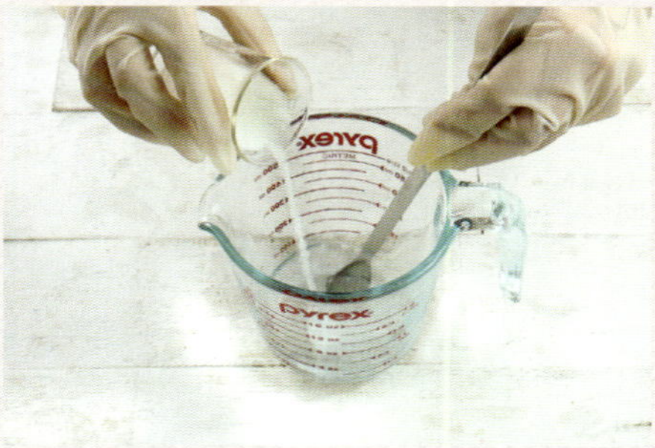

3. 计量精制水并加热，待其沸腾后，添加计量后的白糖予以溶解。

若最初就添加白糖，冷却过程中易凝固，因此需等到水沸腾后再添加白糖。

4. 直接使用搅拌器将2和1的溶液混合搅拌，使其呈过稠化状。

当皂液即将溢出时，略微停用搅拌器1分钟，使其平复。若过度溢出，其表面易产生孔洞，需要平复下来以去除气体。

5. 当3中的白糖水达到80℃时，添加入4，使用搅拌器搅碎，令白糖水均匀溶解后制成香皂膏。

香皂膏熟成时间越久，透明度越高，质感越柔和。因此，可将未制成液体皂而剩余的香皂膏装进类似拉链袋的容器进行保存。保存期可达1~3年。

6. 在完成的香皂膏中添加提取液及其他液体进行稀释。

7. 约一天后，使用间接加热将自然稀释后的6中的香皂膏加热2~4小时，溶解香皂膏。

可添加稀释液对其溶解一晚，也可用微波炉加热30分钟。

8. 加入添加物后，pH值达到9以上时，将柠檬酸、柠檬汁、食醋稀释后加入即可。

pH值以7~9为宜。

制作HP透明皂前需确定事项

皂化后利用间接加热制作透明皂。为促进皂化反应，添加乙醇，能够令香皂更为清爽，毫无黏湿感。在熟成过程中，乙醇挥发后，剩下甘油，即可得到具有超强保湿效果的透明皂。为提高透明度，可添加乙醇、白糖、甘油、蓖麻油。

1. 总油脂量

制作1kg香皂，所需基础油量为400~500g。

2. 油脂构成比例

椰子油、棕榈油占50%，剩余为蓖麻油及其他油脂。(参考P319)

3. 苛性钠（NaOH）的量

可根据皂化价确定苛性钠的量。但请避免减量（DC）或超脂，不要剩余油脂。（参考P319）

油脂量×皂化价=苛性钠量

4. 精制水的量

精制水约为油脂量的33%（30%~40%）为宜。

5. 纯香皂的量

纯香皂=基础油+苛性钠

6. 溶剂的量

溶剂=乙醇+甘油+精制水（苛性钠溶解水+白糖溶解水）

纯香皂：溶剂=55：45

但应根据季节的不同增减溶剂的量。在潮湿的夏季应减少相应溶剂的量。

7. 白糖的量

白糖取纯香皂加溶剂量和的6%~8%为宜。

8. 剩余溶剂

溶解苛性钠的精制水量为总油脂量的33%（30%~40%），乙醇为纯香皂的30%~35%，甘油为整个香皂重量的8%~12%（9%）为宜。溶解白糖的精制水量与溶剂总量中去除溶解苛性钠的水量、乙醇、甘油的总量后剩余的量相同。

9. 整个香皂重量

约为纯香皂与溶剂、白糖的和（其他添加物用量较小，可忽略不计）。

10. 天然精油及添加物

天然精油为总油脂量的1%~3%，添加物为整个香皂重量的1%。过度添加会降低香皂透明度，使香皂表面呈白色，请予以注意。

HP透明皂基本配方

1. 在计量后的精制水中一点点添加苛性钠，待其溶解并达到60~70℃后逐渐变清澈。

2. 依照顺序计量基础油并加热至70℃。

3. 在2中添加1的苛性钠水溶液，直接使用搅拌器搅拌至过稠化状。

4. 达到过稠化状后，覆盖保鲜膜并间接加热1小时。

为使其均匀受热，加热过程中注意翻转。

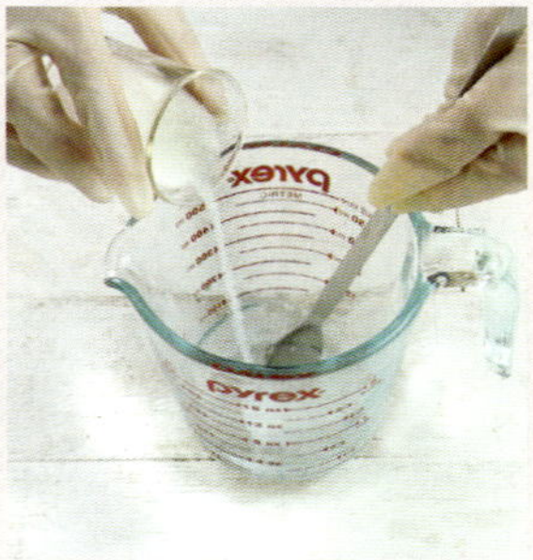

5. 皂液加热期间，计量精制水待其沸腾后，在沸水中溶解白糖，并添加计量后的甘油，随后进行密封。

6. 待4的皂液变得透明后，从火上取下，添加乙醇，并快速用搅拌器搅碎。

添加乙醇后应快速操作，以减少乙醇挥发量。

7. 将5的白糖水倒入6的皂液中。为防止溢出，应缓缓倒入白糖水。

8. 严加密封，待温度降到50℃以下时，添加维生素E及天然精油并均匀搅拌。

9. 将8的皂液倒入模具内，在模具上方用筛子过滤掉残渣。

此时喷洒乙醇去除泡沫，才能够制成洁净的透明皂。

10. 盖好模具盖，在常温下放置2天后切块，再熟成约2周即可。

乙醇及水分蒸发后，香皂会有所收缩。仅需要熟成2周是因为皂香是利用高温制成，碱成分反应迅速，残留量少于CP，所以熟成时间比CP短。使用99.9%纯度的乙醇，有利于提高透明度。

橄榄沐浴液

皮肤干燥容易引起瘙痒及敏感。橄榄油具有超强保湿功效，在干燥的季节是最佳选择。这款沐浴液泡沫柔和，不仅适合敏感性、干性皮肤，也适用于幼儿肌肤。

难易度
略有难度

预期时间
90分钟

加热过程
有

保存
干燥常温下
1~3年

<液体皂香皂膏 500g,
成品 800g 分量>

基础油(250g)
椰子油 100g
橄榄油（特级初榨）100g
蓖麻油 50g

苛性钾59g(10% OC)
精制水59g

添加物
白糖 22g
溶解白糖精制水 132g
维生素E 5g

稀释用添加物
洋甘菊花水 250g
百年草保湿剂 10g
海洋胶原蛋白液 10g
神经酰胺10g
泛酰醇15g
固体谷氨酸盐增黏剂
5~10g

天然精油
德国洋甘菊 1mL
薰衣草 5mL
佛手柑 5mL

神经酰胺为皮肤筑起保护层，是利于肌肤保湿及呵护肌肤的上好原料。
谷氨酸盐增黏剂是提取自玉米的天然增黏剂，用来代替合成增黏剂聚季铵盐。具有温和的修护性能，常用在头发或肌肤清洁产品中。柔和的洗感是其显著特征。

1 在计量后的精制水中一点点添加苛性钾，持续搅拌至温度达到70℃。

2 基础油依照椰子油、橄榄油（特级初榨）、蓖麻油的顺序计量后，添加维生素E，用电陶炉加热至70℃。

3 计量溶解白糖精制水并加热，待其沸腾后，添加并溶解计量后的白糖。

4 使用搅拌器将**2**的油脂与**1**的苛性钾水溶液混合搅拌至稠化状态。

5 3的白糖水达到80℃后，添加入4，用搅拌器搅碎的同时，均匀混合白糖水，制成香皂膏。

6 在熟成2周后的香皂膏中倒入洋甘菊花水，进行稀释。

7 经过一天，将自然稀释后的6间接加热2~4小时，溶解香皂膏。

8 待**7**的温度降至50℃，添加固体谷氨酸盐增黏剂，搅拌5分钟，使其产生黏度。

9 加入剩余稀释用添加物及天然精油并均匀搅拌。

10 pH值达到7~9时，装入消毒后的容器内。

小贴士 香皂膏不经过熟成直接使用时，加入稀释液并间接加热溶解后迅速中和即可，添加食醋或柠檬酸进行中和，调节至所需达到的pH值即可。

印楝生发洗发水

我们来尝试制作一款预防脱发、保护头皮的绝佳天然洗发水吧。将制作好的香皂膏妥善保存，待需要使用时，仅需稀释即可。除洗发水外，还有其他多种用途。

难易度
略有难度
预期时间
90分钟
加热过程
有
保存
干燥常温下
1~3年

<液体皂香皂膏 500g,
成品 1kg 分量>

基础油(250g)
椰子油 100g
印楝油 80g
蓖麻油 70g

苛性钾 52g(10% OC)
精制水 52g

添加物
白糖 22g
溶解白糖精制水 132g
维生素E 5g

稀释用添加物
迷迭香水 250g
荷荷巴油 20g
天然甜菜碱保湿剂 20g
蚕丝氨基酸30g
墨西哥辣椒提取物 40g
泛酰醇 20g
椰子甜菜碱120g
固体谷氨酸盐增黏剂 20g

天然精油
迷迭香 9mL
薰衣草 5mL
茶树 5mL

香精
兰蔻奇迹香水(FO) 5mL

泛酰醇，即维生素原B_5。它是具有渗透效果的保湿剂，能够促进细胞分裂和再生，有效帮助细胞组织恢复。具有无刺激保湿及护理效果，可以护理秀发，令头发充满弹力。在此充当柔软剂。
椰子甜菜碱是从椰子油中提取的天然表面活性剂，泡沫丰富、护理效果显著，防止头发打结，对皮肤黏膜无刺激，常用在柔和的洗发水中。

1 在计量后的精制水中一点点添加苛性钾，持续搅拌至温度达到70℃。

2 基础油依照椰子油、印楝油、蓖麻油的顺序计量后，添加维生素E，用电陶炉加热至70℃。

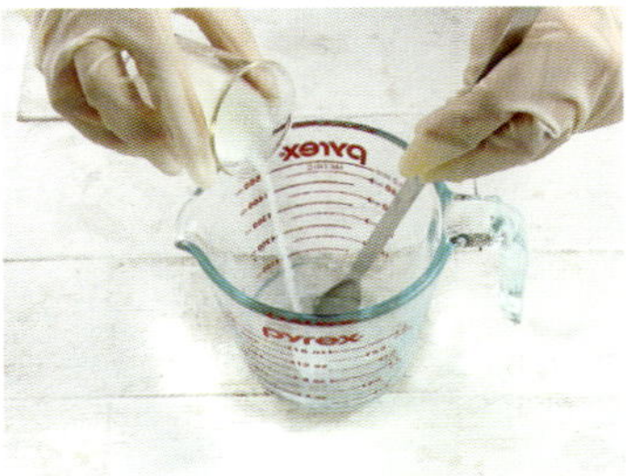

3 计量溶解白糖精制水并加热，待其沸腾后，添加并溶解计量后的白糖。

4 使用搅拌器将**2**的油脂与**1**的苛性钾水溶液混合搅拌至稠化状态。

5 3的白糖水达到80℃后，添加入4，用搅拌器搅碎的同时均匀混合白糖水，制成香皂膏。

6 在熟成2周后的香皂膏中倒入计量好的迷迭香水，进行稀释。

7 经过一天，将自然稀释后的6间接加热2~4小时，溶解香皂膏。

8 待7的温度降至50℃，添加入计量后的固体谷氨酸盐增黏剂，搅拌5分钟，使其产生黏度。

9 加入剩余稀释用添加物、天然精油及香精并均匀搅拌。

10 pH值达到7~9时，盛装入消毒后的容器内。

小贴士 为保护发质，添加含有蛋白质保护成分的物质为宜，如蚕丝氨基酸、胶原蛋白、海洋弹力蛋白等。添加物中椰子甜菜碱易产生较多泡沫，应在最后操作阶段缓缓添加。

椰子厨房清洁剂

椰子不仅具有温纯的香气，还能够产生丰富的泡沫，是一种清洁力超强的原料。这款厨房清洁剂对皮肤无刺激，您即使不佩戴橡胶手套也能够安心清洁厨具。

难易度
略有难度
预期时间
90分钟
加热过程
有
保存
干燥常温下
1~3年

<液体皂香皂膏 500g,
成品 1kg 分量>

基础油(250g)
椰子油 250g

苛性钾 73g(10% OC)
精制水 73g

添加物
白糖 22g
溶解白糖精制水 132g
维生素E 5g

稀释用添加物
EM发酵液 330g
甘油 30g
椰子甜菜碱 120g
固体谷氨酸盐增黏剂 20g

天然精油
胡萝卜籽油 2mL
薰衣草 10mL
苹果香 10mL

EM发酵液作为有效微生物群共生的抗氧化发酵微生物，其中乳酸菌占据60%，具有抗菌性及强效空气净化功能。相对固体香皂，用于液体皂中具有更高活性，在制作液体皂时经常使用。用EM发酵液代替精制水，洗涤物品能够自然漂白，无须另外添加漂白剂或将洗涤物水煮。

1 在计量后的精制水中一点点添加苛性钾，持续搅拌至温度达到70℃。

2 添加椰子油及维生素E，用电陶炉加热至70℃。

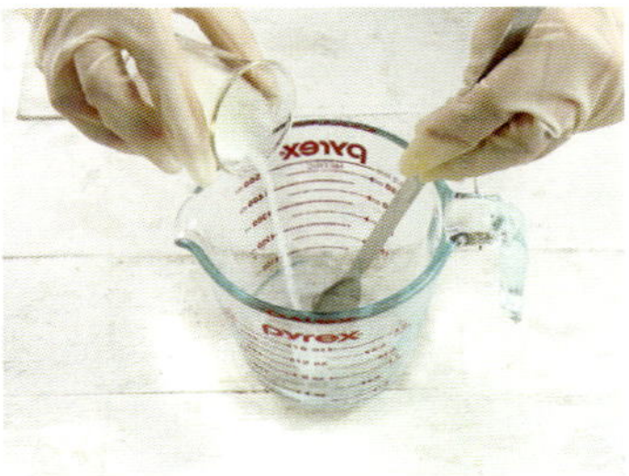

3 计量溶解白糖精制水并加热，待其沸腾后，添加并溶解计量后的白糖。

4 使用搅拌器将**2**的油脂与**1**的苛性钾水溶液混合搅拌至稠化状态。

5 **3**的白糖水达到80℃后，添加入**4**中，用搅拌器搅碎的同时均匀搅拌白糖水，制成香皂膏。

6 在熟成2周后的香皂膏中倒入EM发酵液，进行稀释。

7 经过一天，将自然稀释后的**6**间接加热2~4小时，溶解香皂膏。

8 待**7**的温度降至50℃，添加入计量后的固体谷氨酸盐增黏剂，搅拌5分钟，使其产生黏度。

9 加入剩余稀释用添加物及天然精油并均匀搅拌。

10 pH值达到7~9时，盛装入消毒后的容器内。

小贴士 仅添加椰子油，制成的洗涤剂偏黏湿，且泡沫不持久，因此需再添加椰子甜菜碱。如若习惯于佩戴橡胶手套清洗餐具，则可以不添加具有保湿功效的甘油。

大豆洗涤剂

具备丰富的泡沫及超强清洁能力的这款洗涤用品，令您在使用后全身心都轻快无比。它是一款不易酸败，对皮肤无刺激的高级洗涤剂。

难易度
略有难度
预期时间
90分钟
加热过程
有
保存
干燥常温下
1~3年

<液体皂香皂膏 500g,
成品 1kg 分量>

基础油(250g)
大豆油（豆油）250g

苛性钾 52g(10% OC)
精制水 52g

添加物
白糖 22g
溶解白糖精制水 132g

稀释用添加物
精制水 350g
椰子甜菜碱 150g

香精
亚麻香熏油(FO) 10mL

大豆油，即豆油，是非常常见的原料，其洗涤效果好，常被用于制作洗涤用品。

1 在计量后的精制水（52g）中一点点添加苛性钾，持续搅拌至温度达到70℃。

2 计量大豆油后，用电陶炉加热至70℃。

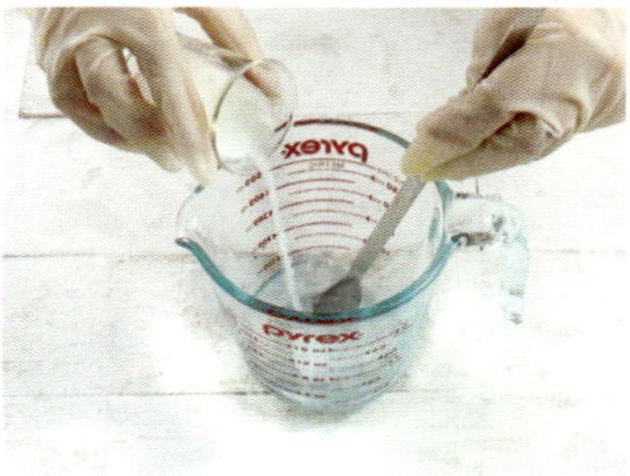

3 计量溶解白糖精制水并加热，待其沸腾后，添加并溶解计量后的白糖。

4 使用搅拌器将**2**的油脂与**1**的苛性钾水溶液混合搅拌至稠化状态。

5 3的白糖水达到80℃后，添加入4中，用搅拌器搅碎皂液，同时均匀搅拌白糖水，制成香皂膏。

6 在熟成2周后的香皂膏中添加计量后的350g精制水稀释。

7 经过一天，将自然稀释后的6间接加热2~4小时，溶解香皂膏。

8 待**7**的温度降至50℃，添加入椰子甜菜碱及香精搅拌。

9 pH值达到7~9时，盛装入消毒后的容器内。

小贴士 如果家中有久置不用的电饭锅，当您制作大量洗涤剂时可代替烧杯使用。首先计量电饭锅的容量，并进行加热，无须利用间接加热来稀释，使用保温功能稀释将更为方便。

清洁透明皂和竹炭抗菌透明皂

这里为您介绍两款HP透明皂。虽然二者颜色与功能略有不同，但制作方法相似。这两款高级香皂均具备对肌肤无刺激、清洁效果清爽、不易湿软等特点。闪烁蓝色光泽的竹炭抗菌透明皂无论营养还是功能都更胜一筹，特别适合松弛、粗糙肤质使用。

难易度
难
预期时间
3小时
加热过程
有
保存
干燥常温下
1~3年

<1kg 分量>

基础油(500g)
棕榈油 100g
椰子油 150g
蓖麻油 250g

苛性钠 75g(0% DC)
精制水 165g(33%)

添加物
乙醇(99.9%)170g
甘油 80g
白糖 85g
溶解白糖精制水 70g
维生素E 5g

天然精油
薰衣草 10mL
甜橙 10mL

为提高透明度，使用99.9%的乙醇为宜。乙醇促进皂化，切断脂肪酸链并凝固后，能够进一步提升透明度。

清洁 透明皂

1 在计量后的精制水中一点点添加苛性钠，温度达到60~70℃后静待其恢复清澈。

2 基础油依照棕榈油、椰子油、蓖麻油的顺序计量后，加热至70℃。

3 在2的油脂中添加1的苛性钠水溶液，使用搅拌器搅拌至过稠化。

4 稠化后覆盖保鲜膜，间接加热1小时，加热过程中翻转，促使其均匀受热。

5 皂液加热时，计量溶解白糖精制水并加热，在沸水中溶解白糖后添加计量后的甘油，随后进行密封。

6 4的皂液变得透明后，从电陶炉上取下，添加乙醇后，快速用搅拌器打碎。

7 在6的皂液中缓缓添加5并用温度计持续搅拌。

8 完好密封后，待温度降至50℃以下时，添加维生素E及天然精油。

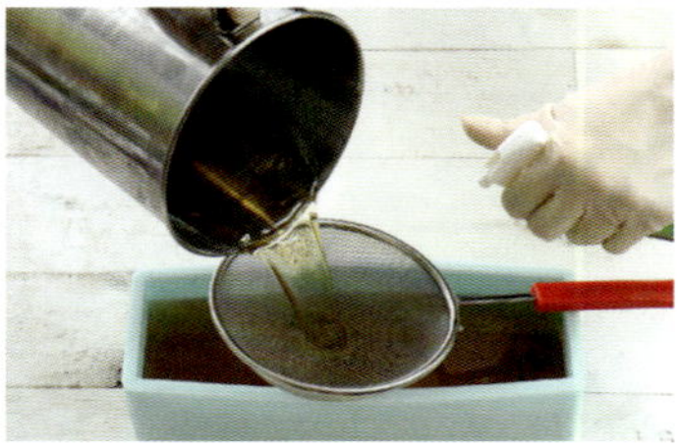

9 向模具内倾倒皂液时，在模具上方用筛子过滤掉渣滓。

10 盖好盖子，在常温下静置2天切割后，再熟成约2周。

<1kg 分量>

竹炭抗菌 透明皂

基础油(500g)
棕榈油 100g
椰子油 100g
蓖麻油 100g
鳄梨油 100g
荷荷巴油 100g

苛性钠 68g(3% OC)
精制水 165g(33%)

添加物
乙醇(99.9%) 170g
甘油 80g
白糖 85g
溶解白糖精制水 70g
维生素E 5g
竹炭粉 1g
蜗牛提取物 5g

天然精油
桉树 3mL
花梨木 5mL
柠檬10mL

荷荷巴油能够有效提高皮肤吸收力，令头发、手指甲、脚指甲、皮肤更为健康，适合所有肤质使用。
蜗牛提取物含有一种叫黏液素的成分，能够有效促进皮肤再生，提高保湿力，是一种珍贵的原料。蜗牛提取物需要冷藏保存，应预先计量并消除凉气方可添加，这样才能避免香皂结块。

1 在计量后的精制水中一点点添加并溶解苛性钠，温度达到60~70℃后静待其恢复清澈。

2 基础油依照棕榈油、椰子油、蓖麻油、鳄梨油、荷荷巴油的顺序计量后，加热至70℃。

3 在**2**的油脂中添加苛性钠水溶液，使用搅拌器搅拌至过稠化。

4 出现过稠化时用保鲜膜覆盖，间接加热1小时，加热过程中翻转，使其均匀受热。

5 皂液加热时，计量溶解白糖精制水并加热，在沸水中溶解白糖后添加计量后的甘油，随后进行密封。

6 4的皂液变得透明后，从电陶炉上取下，添加乙醇后，快速用搅拌器打碎。

7 在6的皂液中缓缓添加5并用温度计持续搅拌。

8 完好密封，待温度降至50℃以下时，添加维生素E、竹炭粉、蜗牛提取物、天然精油并均匀搅拌。

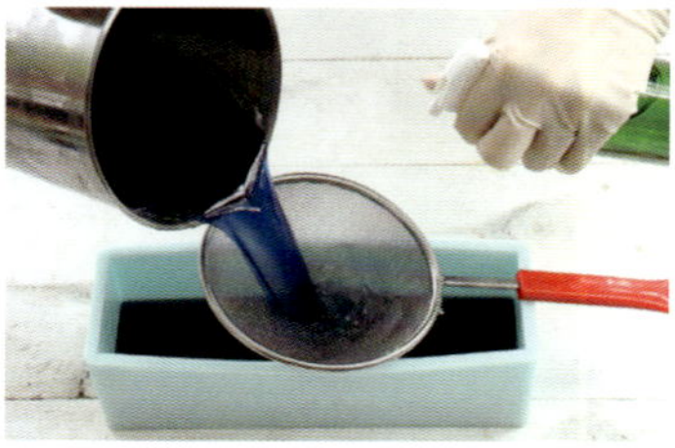

9 向模具内倾倒皂液时，在模具上方用筛子过滤掉渣滓。

10 盖好盖子，在常温下静置2天后切割，再熟成约2周。

小贴士 当需要长时间间接加热时，可将烧杯放入已加水的电饭锅内加热。由于电饭锅能够保持恒温，因此可以防止酸败，且操作便利。若利用电陶炉或燃气灶加热，热水容易溢出，且易打翻烧杯。如果条件所限，必须使用电陶炉或燃气灶，要加上盖子，小心使用。

Transparency Soap

粉红洗面奶

这款洗面奶泡沫丰富，能够有效清除彩妆残余物质。如奶油般柔和细滑的泡沫对皮肤毫无刺激，在去除皮肤代谢物的同时，能够起到保湿效果。

难易度
难
预期时间
3小时
加热过程
有
保存
干燥常温下
1~3年

<洗面奶膏534g，成品845g分量>

基础油(200g)
硬脂酸 150g
椰子油 20g
杏仁油 30g

苛性钠 5g
苛性钾 33g
精制水 228g

添加物
甘油(14%)28g
精制水 30g
奶油化硬脂酸(5%) 10g

稀释用添加物
玫瑰水 250g
韩方保存剂 15g
维生素E 5g
马齿苋提取物 15g

功能性添加物
粉红石泥 10g
膨润土 2g
芦荟凝胶 5g

天然精油
花梨木 5mL
薰衣草 5mL

柠檬酸或食醋 适量

马齿苋提取物能够舒缓皮肤、促进伤口愈合，同时起到保湿功效。不同颜色的泥粉具有不同功效，应根据皮肤类型加以选择。粉红石泥适用于干性及普通肤质。

1 在精制水(228g)中缓缓添加苛性钠及苛性钾并均匀搅拌。由于温度不易提升，因此需加热使其达到70℃。

2 基础油依照硬脂酸、椰子油、杏仁油的顺序计量后，加热至70℃。

3 在2的油脂中添加1的溶液，使用搅拌器搅拌至过稠化。

4 在3中添加甘油并均匀搅拌。

5 将**4**的皂液密封并间接加热2~2.5小时。

6 间接加热时将皂液呈十字切分并翻转，使其均匀受热。

7 **6**的皂液呈半透明状时，计量30g精制水并加热，在沸腾的水中溶解奶油化硬脂酸。

8 将**7**的硬脂酸溶液快速添加进半透明状的皂液中，使用搅拌器搅拌直至其呈现珍珠色，这样就完成了洗面奶膏。

9 熟成2周后，用玫瑰水稀释，添加剩余稀释用及功能性添加物、精油，用勺子均匀搅拌。

10 利用柠檬酸或食醋调节，待pH值达到7~9时，盛装入消毒后的容器内。

小贴士 若选用谷物粉末代替粉红石泥，考虑到谷物泡水后体积会变大，因此相对来说，仅需少量（粉红石泥的一半以下）添加即可。由于易腐败，因此要添加防腐剂，每次按10天的使用量制作即可。

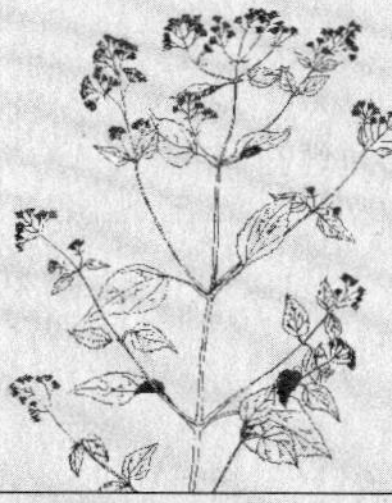

芳香化妆品

PART

5

AROMA COSMETIC

令浴室和化妆室焕发光彩的肌肤护理用品

在繁忙的生活中，对皮肤进行细致护理其实并非易事。是否有不需要购买昂贵的化妆品，却能够令肌肤如同每日精心呵护一般的好方法呢？这里将为您介绍一些简单的方法。您不如开始尝试制作适合自己的护肤品及化妆品吧。

让我们来梳理一番化妆的顺序吧。在洗脸后，首先使用爽肤水或化妆水来滋润皮肤，随后涂抹精华素及润肤露，随后是水分霜、营养霜，然后是近来流行的面油（face oil）。接下来是防紫外线护肤品、BB霜、粉饼等基础化妆品。

令人惊讶的是，您只需要投入一点时间和精力，就能用天然原料直接制作洗面奶及护肤过程中的全部用品。

此外，还提醒您，您其实并不需要涂抹上述过程中提及的所有护肤品。涂抹化妆品时，重要的一点是，首先涂抹水分多的剂型，其次依照油脂顺序涂抹，这不仅能够提高有效成分的吸收，而且可以充分达到保湿效果。在天然化妆品中，同一种产品内能够添加多种原料，制作出多功效化妆品，大大减少护肤环节。但仍需要根据剂型判断先后顺序。

那么接下来我们来见证一番令浴室和化妆室光彩熠熠的化妆品吧。这里主要以简单配方为主，即使是初学者也能够接受，您尽可放心尝试。

TISSERAND
ORGANIC
TEA TREE
TISSERAND
FLORAL
ORGANIC
LAVENDER

芦荟洗手液

在汗流浃背的季节，您是否也有过急切地想彻底清洁黏湿的双手的时候呢？这款洗手液中添加了芦荟成分，具有舒缓、保湿功效，您不妨来尝试制作这款无刺激、易制作、携带方便的洗手液吧。

难易度
非常容易
预期时间
10分钟
加热过程
无
保存
干燥常温下1年

<100g 分量>

主原料

卡波姆凝胶剂 40g
芦荟凝胶 10g
植物性乙醇(99%) 40g

添加物

黄芩提取物 5g
山梨醇（保湿剂）2g

天然精油

保加利亚薰衣草 8滴
佛手柑 5滴
茶树 5滴

卡波姆凝胶剂虽然是合成制品，但无堆积感，能够清爽覆盖在皮肤表层，调节黏稠度，是具有安全性的原料。
普通乙醇具有刺激性，因此请选用植物性乙醇。

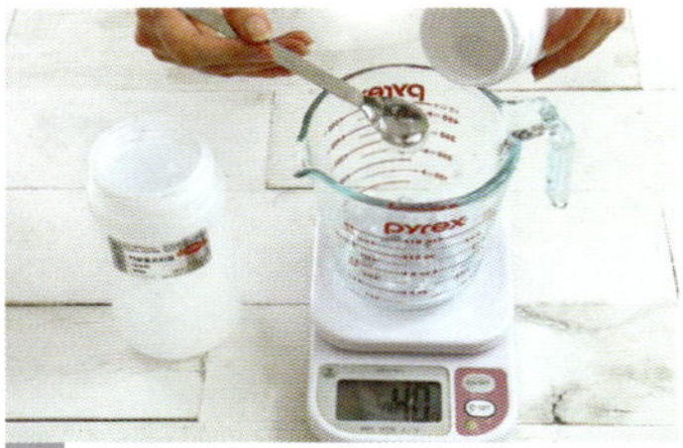

1 将计量后的卡波姆凝胶剂倒入消毒后的烧杯。

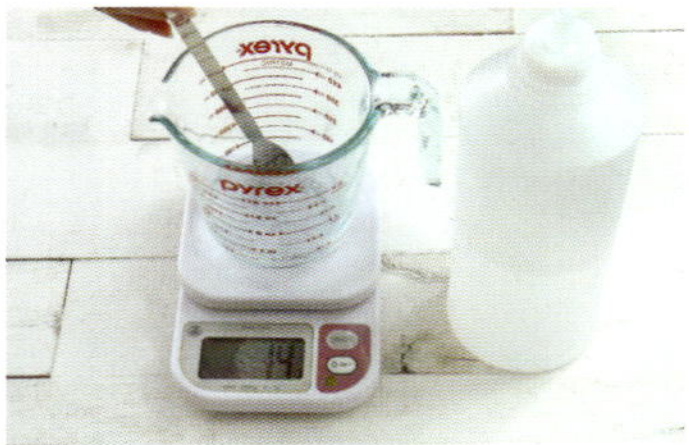

2 在1中添加芦荟凝胶及1/3的植物性乙醇，均匀搅拌。

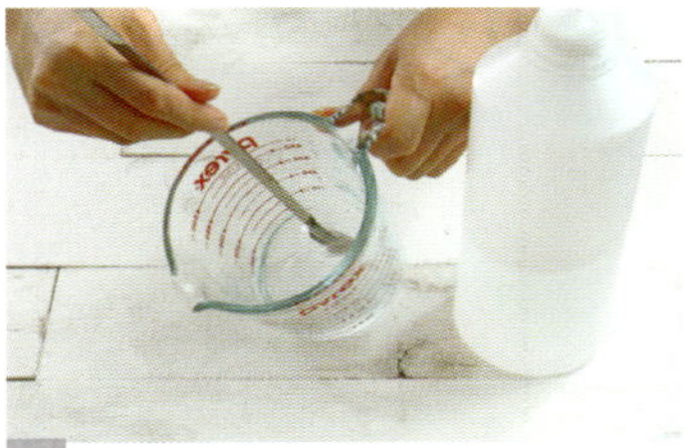

3 卡波姆凝胶剂溶解后，再加入剩余植物性乙醇，均匀搅拌。

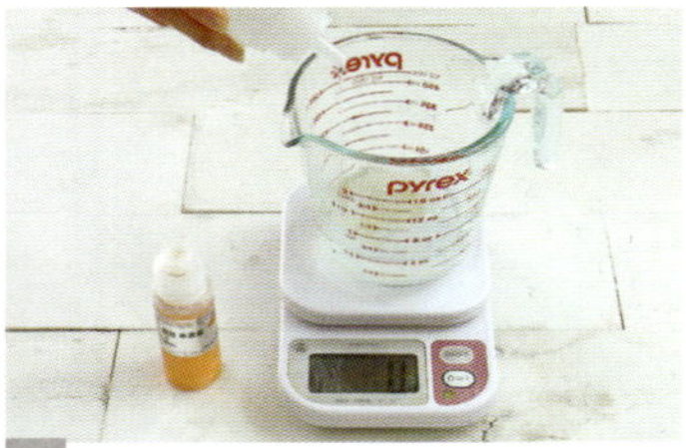

4 在3中添加黄芩提取物及山梨醇。

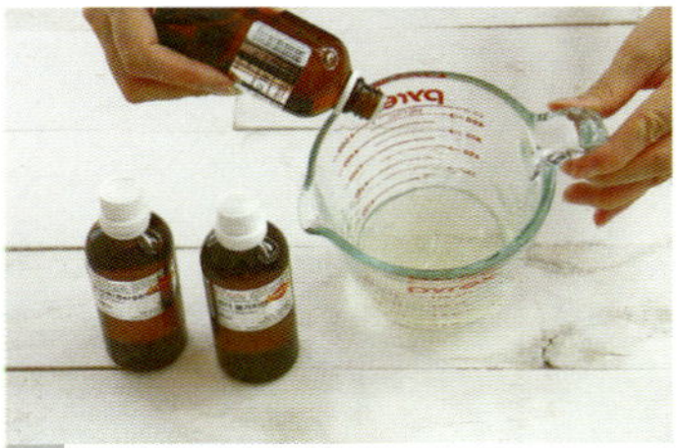

5 添加天然精油并均匀搅拌。

6 盛装入消毒后的容器。

小贴士 也可使用天竺葵、桉树、香柏木、德国洋甘菊等精油替换。

苹果酸抗炎洁面泡沫

这款清洁用品泡沫柔和、无刺激，能够用于面部清洁，具有保湿、增强皮肤弹性的功效。这款多功能清洁用品，不仅可以用于成人面部、身体清洁，还适合儿童使用。

难易度
非常容易
预期时间
5分钟
加热过程
无
保存
干燥常温下1年

<150g 分量>

主原料
苹果酸二酯表面活性剂 130g

添加物
韩方保存剂 3g
维生素E 2g
洋甘菊提取物 2g
纳米神经酰胺 2g
EGF（表皮细胞生长因子）2g
甘油 5g

乙醇 适量

天然精油
苹果 5滴
佛手柑 5滴
柠檬 5滴

苹果酸二酯表面活性剂是提取自苹果的表面活性剂，几乎无刺激，是一款柔和的清洁用品原料。
EGF(epidermal growth factor)是表皮细胞再生因子，对于增强肌肤弹力、促进伤口愈合均有良好效果，是常添加在高档化妆品中的高级原料。

1 用乙醇对洁面泡沫容器进行消毒。

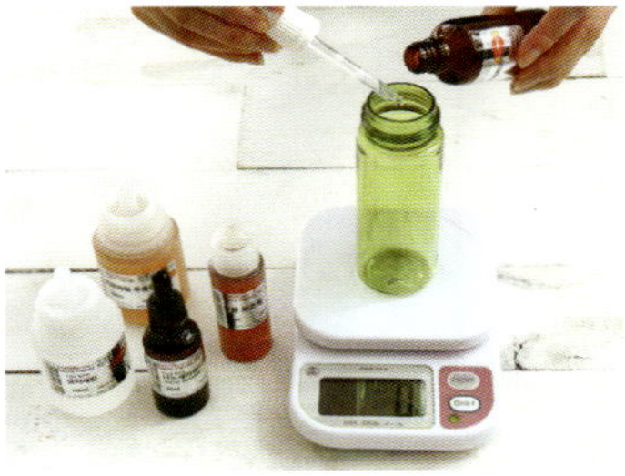

2 在1的容器中依次添加韩方保存剂、维生素E、洋甘菊提取物、纳米神经酰胺、EGF、甘油。

3 在2中添加苹果酸二酯表面活性剂及天然精油。

4 盖上盖子后左右摇晃。

小贴士 可以使用植物性橄榄表面活性剂代替苹果酸二酯表面活性剂。

墨西哥辣椒防脱洗发水和天然护发素

添加合成表面活性剂制成的洗发水或护发素，如果长时间使用，由于其过度清洁力和刺激性，会造成头皮毛孔受损，最终会导致脱发。患有脱发症的人多选用天然洗发水及护发素的原因也正在于此。那么，请您也来尝试打造出一头茂密而清香的秀发吧。

难易度
容易
预期时间
均为15分钟
加热过程
有
保存
干燥常温下1年

<270g 分量>

墨西哥辣椒 防脱洗发水

主原料
基底洗发水 220g

添加物
墨西哥辣椒提取物 5g
维生素E 2g
海洋弹力蛋白（marin elastin）5g
天然甜菜碱保湿剂 5g
泛酰醇 3g
何首乌提取物 5g
海娜提取物 5g
蚕丝氨基酸 5g
固体谷氨酸盐增黏剂 6g
韩方保存剂 2g

乙醇 适量

天然精油
香水树 1茶勺
鼠尾草 3茶勺
佛手柑 1茶勺

香精
迷迭香(FO) 1茶勺

墨西哥辣椒是生长在墨西哥的植物，能够刺激头皮，促进头发生长，对治疗脱发效果显著，是高档防脱发洗发水的常用原料。
头发干燥后不易留香，为了能够令头发持久留香，请添加香精迷迭香。

1 在烧杯内喷入乙醇消毒。

2 除韩方保存剂外，计量其他所有添加物，一次性添加进烧杯。

3 将2放置在电陶炉上，持续搅拌并用微热加热至40℃。

4 3中的增黏剂溶解并呈现透明的胶状时，依次添加韩方保存剂及基底洗发水，随后用勺子轻缓搅拌。

5 添加天然精油和香精，均匀搅拌至充分混合。

6 盛装进消毒后的洗发水容器内。

<100g 分量>

主原料
基底护发素 60g
洋甘菊花水 20g

添加物
墨西哥辣椒提取物 3g
海洋弹力蛋白（marin elastin） 3g
天然甜菜碱保湿剂 2g
泛酰醇 3g
蚕丝氨基酸 3g
韩方保存剂 1g

乙醇 适量

天然精油
迷迭香 1茶勺

香精
茉莉（FO）2茶勺

墨西哥辣椒 天然护发素

1 在烧杯内喷洒乙醇进行消毒。

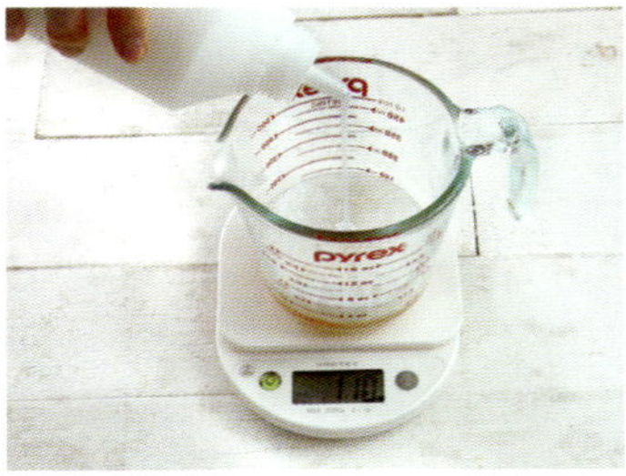

2 计量基底护发素倒入烧杯，再添入洋甘菊花水，均匀搅拌。

3 将所有添加物、天然精油及香精加入2，用勺子均匀搅拌。

4 盛装入消毒后的容器。

小贴士 如果没有洋甘菊花水，也可使用精制水代替。

韩方 女性清洁剂

不仅要做外表华丽的女子，还应该由内而外散发美丽气质，您不妨在浴室摆放一款女性清洁剂使用。不同于化学杀菌剂，这款添加弱酸性天然复合杀菌成分的清洁剂可帮助女性清洁敏感部位。您尽可期待持久而清新的清洁效果。

难易度
非常容易
预期时间
5分钟
加热过程
无
保存
干燥常温下
1年

<250g 分量>

主原料
天然韩方清洁剂 160g

添加物
洋甘菊花水 60g
蜂胶 2g
蜂蜜提取物 8g
黄芩发酵提取物 4g

乙醇适量

天然精油
鼠尾草 4滴
保加利亚薰衣草 4滴

天然韩方清洁剂不仅具有轻柔的清洁效果，且可无刺激杀菌，能够消除异味及瘙痒。

1 用乙醇对容器进行消毒。

2 依次将天然韩方清洁剂、洋甘菊花水、蜂胶、蜂蜜提取物、黄芩发酵提取物添加进1的容器内。

3 在2中添加天然精油。

4 盖上盖子后左右摇晃。

小贴士 天然精油也可使用佛手柑、天竺葵、马郁兰、茶树、杜松子、柏树、德国洋甘菊替换。

胶原蛋白沐浴露

这是具有维护肌体保湿功效的清洁剂。保湿效果显著的色木槭精华液、保持肌肤弹力的海洋弹力蛋白，化作柔和泡沫，有效促使排除肌肤代谢物，令沐浴后的肌肤远离干燥，形成保湿膜，始终维持水润肌肤，令皮肤更显莹润光泽。

难易度
容易
预期时间
15分钟
加热过程
无
保存
干燥常温下
1年

<250g 分量>

主原料
液体皂皂基 220g

添加物
维生素E 2g
海洋弹力蛋白 5g
泛酰醇 3g
蚕丝氨基酸 5g
色木槭精华素 5g
荷荷巴油 4g
固体谷氨酸盐增黏剂 5g
韩方保存剂 4g

天然精油
薄荷 3茶勺
柠檬 3茶勺

香精
海风（FO）3茶勺

海洋弹力蛋白是从深海鱼类中提取精制而成的弹性蛋白质。能够维持肌肤弹力，保持肤质柔美。
色木槭精华素能够为肌肤供给水分及矿物质，抗氧化效果好，能够有效防止肌肤老化。

1 计量除韩方保存剂外其他所有添加物，一次性添加进消毒后的烧杯。

2 将1用微热加热并搅拌约5分钟，待增黏剂溶解并呈现透明的胶状。

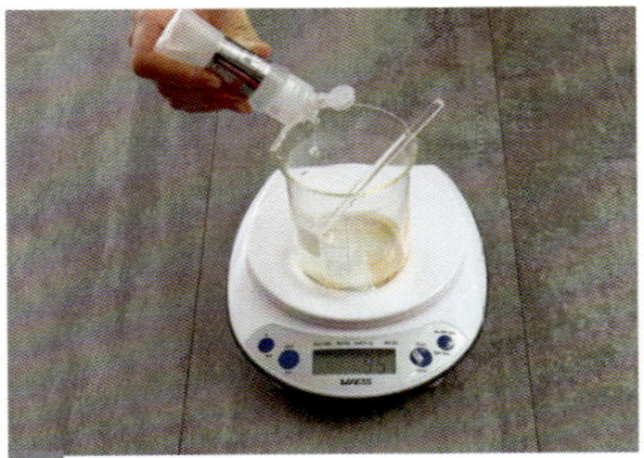

3 在2中添加韩方保存剂。

4 在3中添加液体皂皂基，轻缓搅拌。

5 在4中添加天然精油和香精，上下轻缓搅拌后，盛装入消毒后的容器中。

小贴士 在夏季，如果希望感受丝丝清爽，可添加约2g的薄荷醇。

绿茶洗面奶

人们常说卸妆比化妆更重要。即使这样，市面销售的含有表面活性剂的洗面奶仅仅注重清洁，而忽视了保湿和适当的皮脂保护，这也是不可行的。绿茶洗面奶不仅具有上述综合功效，还是一款适合初学者制作的简单的天然洗面奶。

难易度
非常容易
预期时间
10分钟
加热过程
无
保存
干燥常温下1年

<120mL 分量>

主原料

泡沫清洁基底 100g

添加物

绿茶提取物 10g
绿茶粉 2g
透明质酸 3g
韩方保存剂 3g
维生素E 1g

天然精油

柠檬 20滴
薰衣草 5滴

泡沫清洁基底用100%植物性原料制成，本身即可直接使用。利用低刺激的表面活性剂，减少对皮肤的危害，具有较高清洁力，质感柔和。
绿茶具有美白、抗氧化、保湿功效，是实用的护肤原料。

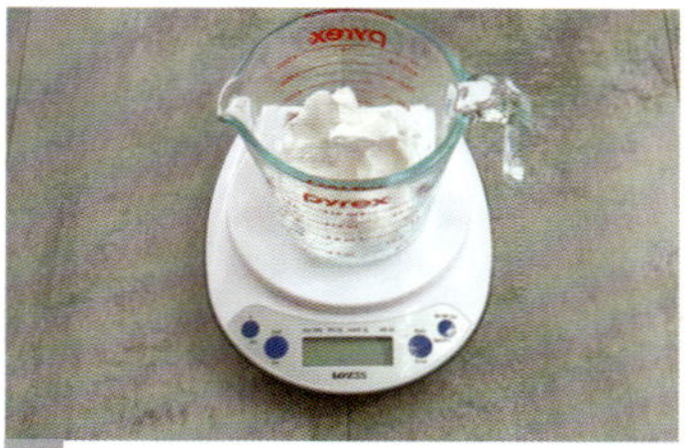

1 将泡沫清洁基底盛入消毒后的计量容器进行计量。

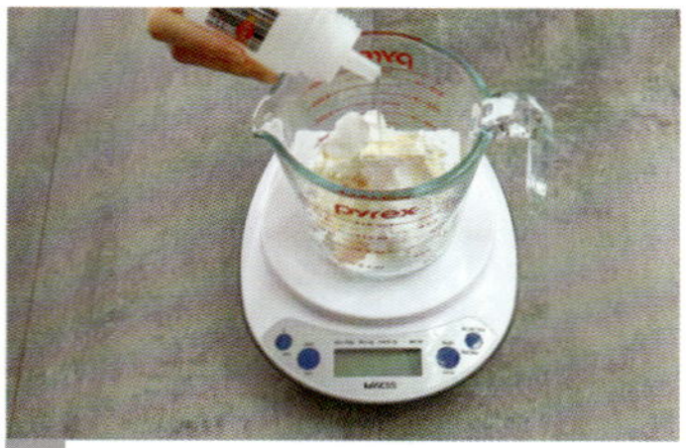

2 在1中添加绿茶提取物、透明质酸、韩方保存剂、维生素E。

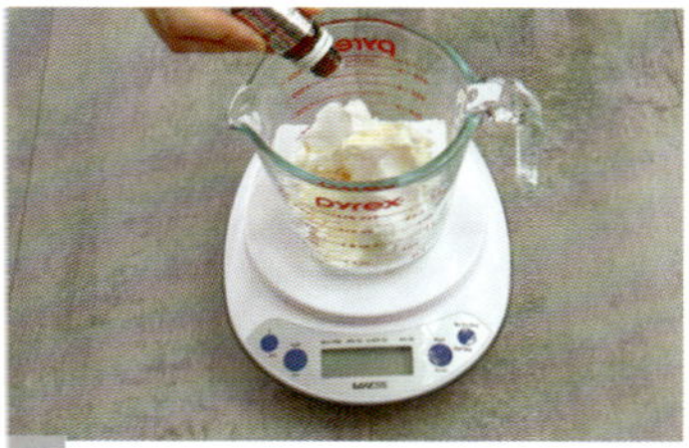

3 在2中添加天然精油。

4 在3中添加绿茶粉并均匀搅拌。

5 将洗面奶倒入挤花袋，用挤花袋将其挤入消毒后的带盖容器中。

小贴士 透明质酸又被称为“水分磁石”，可保持自身重量80倍的水分，是一种高效保湿因子，且使用质感极为清爽。在保湿剂中，甘油较为黏滑，清洁时缺乏清爽感，应尽量避免添加。

摩洛哥坚果再生油和保湿乳液

这里为您介绍两款具有保湿功效的神秘配方——用生长于沙漠中的摩洛哥坚果树的油脂制成的摩洛哥坚果再生油和无刺激且能够提高保湿功效的保湿乳液。

难易度
容易
预期时间
5分钟、30分钟
加热过程
有
保存
冷藏保存3个月

<50mL 分量>

摩洛哥坚果 再生油

基础油
摩洛哥坚果油 40g
荷荷巴油 5g

添加物
维生素E 1g

天然精油
茉莉 4滴

摩洛哥坚果油吸收效果强，且具有一定光泽度，含有大量不饱和脂肪酸，促进肌肤再生及抗酸化效果显著。

1 在消毒后的计量容器内添加摩洛哥坚果油与荷荷巴油，完成计量。

2 在 1 中添加维生素E与茉莉天然精油。

3 倒入消毒后的带盖容器并轻缓摇晃混合。

使用方法

1. 在基础护肤品的最后阶段使用。
2. 将挤出的再生油用双手略微揉搓两次后，用手覆盖脸部并轻微按压促进吸收。手掌的温暖更利于皮肤的有效吸收。
3. 1分钟后开始上妆即可。

小贴士 这款再生油能够形成防止水分蒸发的保护膜，有效延长保湿时间。但在基础护肤初始阶段涂抹的话，会阻碍之后涂抹的护肤品中有效成分的吸收，因此适宜在基础护肤品的最后阶段涂抹。

<100g 分量>

水上层
薰衣草水 65g

油上层
摩洛哥坚果油 5g
荷荷巴油 5g
甜杏仁油 5g
橄榄蜡 3g
蒙旦蜡68 1g

添加物
维生素E 1g
韩方保存剂 2g
透明质酸 2g
神经酰胺（脂溶性）2g
纳米辅酶Q10（水溶性）3g

天然精油
保加利亚薰衣草 4滴
佛手柑单方精油 4滴

薰衣草水适合所有肤质使用，具有舒缓肌肤的功效。佛手柑单方精油去除了对光线敏感的佛手柑内酯成分，即使皮肤暴露在阳光之下也不会引起敏感反应。同时，它还具有抗炎、抗病毒、美白的功效。

保湿乳液

1 在消毒后的计量容器中分别计量薰衣草水和油上层（摩洛哥坚果油、荷荷巴油、甜杏仁油、橄榄蜡、蒙旦蜡68）并加热。

2 两个烧杯均达到75℃后，在基础油中倒入薰衣草水，用勺子搅拌约5分钟。

3 为防止产生泡沫，将化妆品搅拌器贴近杯底，开动电源搅拌1~2分钟后，再关闭电源，拿出搅拌器。

4 在凉水中放入**3**的烧杯，用勺子搅拌约1分钟，去除气泡，呈酸奶的黏度时即可。

5 依顺序加入所有添加物和天然精油，并随时用勺子轻微搅拌。

6 盛装入消毒后的带盖容器中。

小贴士 制作化妆品时，气泡的产生会带入氧气，令产品氧化，使用质感稀松不光滑，因此须尽可能防止气泡的产生。

卸妆油和荷荷巴S曲线润肤油

这里为您介绍两款产品，分别是具有无刺激、柔和卸妆功效的卸妆油以及为一年四季热衷于塑造体形的年轻女性准备的荷荷巴S曲线润肤油。现在就来为您推介这份浴室内塑造清爽皮肤、轻盈身形的神秘礼物。

难易度
非常容易
预期时间
均为5分钟
加热过程
无
保存
常温下
6个月

<100mL 分量>

基础油
杏仁油 60g
甜杏仁油 15g
月见草籽油（非精制）5g
橄榄液 15g

添加物
维生素E 1g

天然精油
甜橙 10滴
薰衣草 10滴

杏仁油能够提高肌肤柔韧性、增强弹力，同时具有美白功效，令肌肤白皙、焕发光彩。

卸妆油

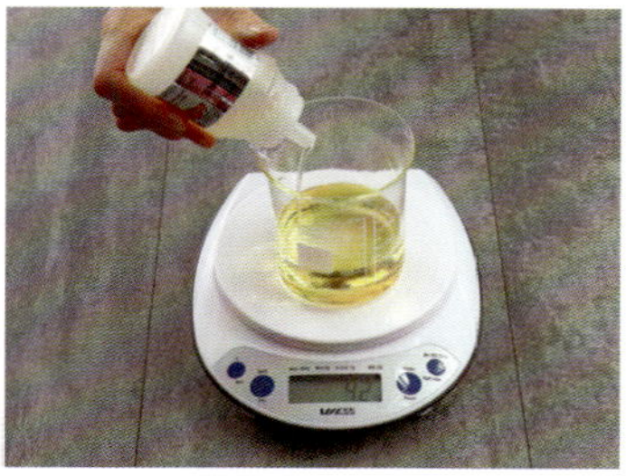

1 用消毒后的计量容器计量基础油。

2 添加维生素E及天然精油，均匀搅拌。

3 盛装入消毒后的带盖容器中。

使用方法

1. 在脸部均匀涂抹油脂后按摩2~3分钟。
2. 用化妆棉擦拭干净。
3. 在睫毛、唇彩等彩妆部位，用化妆棉蘸取油脂后，覆盖约30秒后进行卸妆。无刺激又能够有效卸妆。
4. 最后再用天然香皂清洁面部。

荷荷巴S曲线 润肤油

<100mL 分量>

基础油

荷荷巴油 60g
甜杏仁油 15g
摩洛哥坚果油 5g

添加物

维生素E 1g

天然精油

丝柏 10滴
杜松子 10滴
薰衣草 10滴
葡萄柚 10滴

荷荷巴油与皮脂成分相似，具有快速吸收力，质感清爽，适用于干燥肤质、粉刺性皮肤等问题肤质，且有利于头发与手指甲、脚指甲的健康。
葡萄柚精油能够有效溶解脂肪团。

1 使用消毒后的计量容器计量基础油。

2 添加维生素E及天然精油，均匀搅拌。

3 盛装入消毒后的带盖容器中。

使用方法

1. 将润肤油均匀涂抹在全身并轻柔按摩。
2. 在脂肪聚集的肚子、大腿、胳膊周围均匀涂抹并按摩，效果更佳。
3. 在粗糙似鸡皮的皮肤上坚持涂抹，能够使肌肤重现光滑。

小贴士 这款润肤油也可以用作海边防晒油，但在制作时不宜添加对光线敏感的葡萄柚精油。这款润肤油还能够减缓由于日晒而引发的晒伤。

除脂浴盐

为您介绍一种塑造优美、轻盈身形的方法。无须您额外进行保养护理，只需在沐浴过程中即可完成。使用这款浴盐坚持按摩由于循环不畅堆积而成的脂肪团，您的体形会发生令人眼前一亮的改变。

难易度
非常容易
预期时间
10分钟
加热过程
无
保存
常温下1年

<100mL 分量>

主原料
按摩盐 85g

添加物
入浴剂（薄荷）2g
绿细泥 5g
甜杏仁油 5g

天然精油
丝柏 1/2茶勺
茴香 1/2茶勺
迷迭香 1/2茶勺
柠檬 2/3茶勺

按摩盐的颗粒比白糖更细，具有清洁功效。易溶于水，使肌肤柔嫩的同时还可去除代谢物，是一种优良的护肤原料。
茴香的促循环作用显著，能够有效去除代谢物、消除脂肪团，还能够抑制食欲，是一种有名的减肥茶原料。

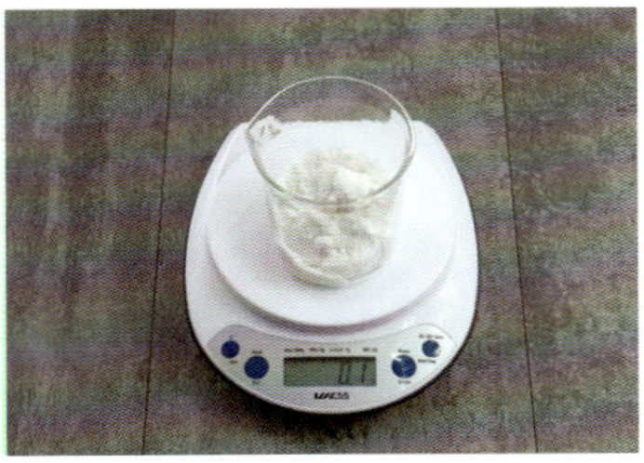

1 使用消毒后的计量容器计量按摩盐。

2 在**1**的盐中添加绿细泥并均匀搅拌。

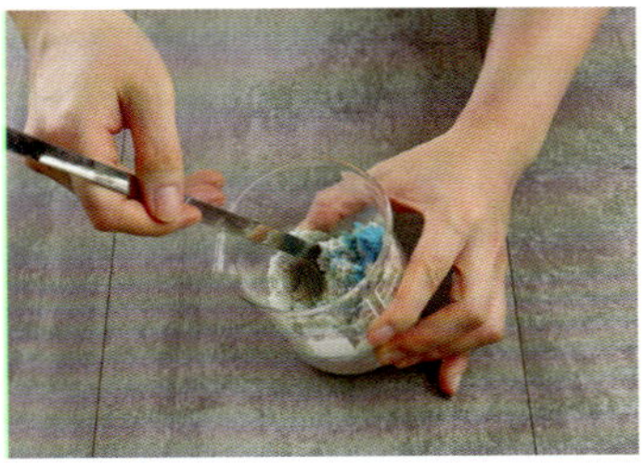

3 添加甜杏仁油、入浴剂（薄荷），再将天然精油环绕着倒入容器，均匀搅拌。

4 盛装入消毒后的容器。

使用方法

1. 使用天然香皂清洗一遍身体后，在身体湿润的状态下涂抹浴盐，集中按摩个别部位。
2. 不必立即冲洗，静待约5分钟，再用清水冲洗，随后涂抹润肤露或润肤油。

小贴士 皮肤上有伤口或敏感肤质，用浴盐按摩会有灼热感，立即用清水冲洗，即可消除刺激。如果浴盐粗糙或颗粒过大，粉碎或用水溶化后再进行涂抹为宜。

冒泡浴盐球

您是否也希望像电影中的主人公一样，在泡沫丰富的浴缸中舒缓一天的疲惫呢？这款沐浴用品可以帮助您伴随着咕嘟咕嘟冒出的泡泡将压力抛至九霄云外。特别是它能够缓解皮肤瘙痒，还能起到良好的保湿作用。

难易度
容易
预期时间
30分钟
加热过程
无
保存
常温下1年

<600g 分量>

主原料
碳酸氢钠（小苏打粉）300g
柠檬酸 200g
玉米淀粉 100g

添加物
北美金缕梅水（或精制水）30g
入浴剂 6g
干金盏花 少许
干薰衣草 少许
干玫瑰花 少许

天然精油
薰衣草 1茶勺
橙子 1/2茶勺
茶树 1/2茶勺

碳酸氢钠能够缓解严重的皮肤瘙痒症状，同时使肌肤更加柔滑。对于瘙痒严重的皮炎，经常作为应急措施使用。
柠檬酸能够软化皮肤角质，令皮肤更为光滑。
玉米淀粉可防止浴盐球破碎和水分蒸发。

1 在盆中计量并倒入碳酸氢钠粉、柠檬酸、玉米淀粉。

2 为防止结块，环绕着倒入天然精油，用手均匀搅拌。

3 将北美金缕梅水倒入喷雾器，通过喷雾器喷入盆中，用手抓起一部分，直到可以凝结成团，即可不再喷入。

4 在浴盐球模具中添加干金盏花、干薰衣草、干玫瑰花及喜爱的入浴剂，从盆的两侧开始舀入粉末，将模具填充满。

5 一边缓缓旋转，一边轻取分离。

6 当水分晾干后立即用保鲜膜包装，放入密封容器中，防止接触空气。

使用方法
1. 在浴缸内放好水后，放入一枚浴盐球并溶解。
2. 当泡沫像汽水一般咕嘟咕嘟冒出时，即可一边享受芳香，一边缓解压力了。

小贴士 如果浴盐不易凝结成球状，您可以去除水分后，直接将粉末盛装保存，使用时效果相同。浴盐球不能受潮，在潮湿的阴雨天气制作，气泡易消散，沐浴时，仅剩下盐块，无法享受泡沫。

蜂蜜喷雾

您是否想尝试制作这款最大程度保持蜂蜜保湿力和柔滑特性，又不会使妆容花掉的喷雾呢？
您尽可以随身携带、随时使用，它富含有助于收缩毛孔的蜂蜜提取物，效果更佳。

难易度
非常容易
预期时间
10分钟
加热过程
无
保存
冷藏保存3个月，常温下10天

<100mL 分量>

主原料
玫瑰水 90g

添加物
橄榄液 2g
蜂蜜提取物 5g
维生素E 1g
韩方保存剂 3g

天然精油
檀香木 4滴

蜂蜜提取物能够预防皮肤老化、高效保湿、抗炎、收缩毛孔。即使是对蜂蜜过敏的皮肤也能够使用这种提取物，质感不像蜂蜜那么黏滑，能够塑造光润肌肤。
檀香木精油是一款可促进皮肤再生、高效保湿的高级精油。

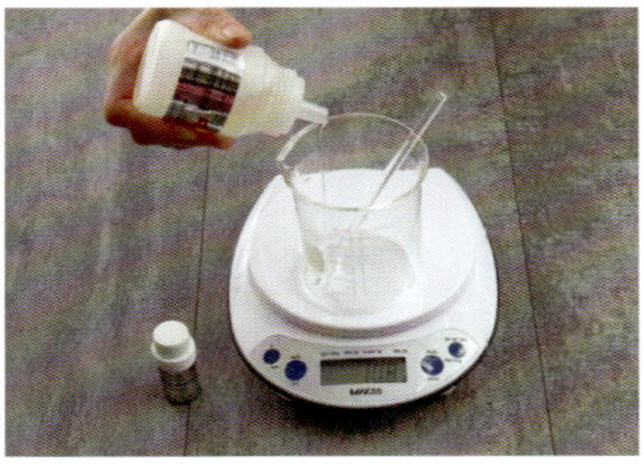

1 在消毒后的烧杯中倒入檀香木天然精油、橄榄液，用玻璃棒均匀搅拌。

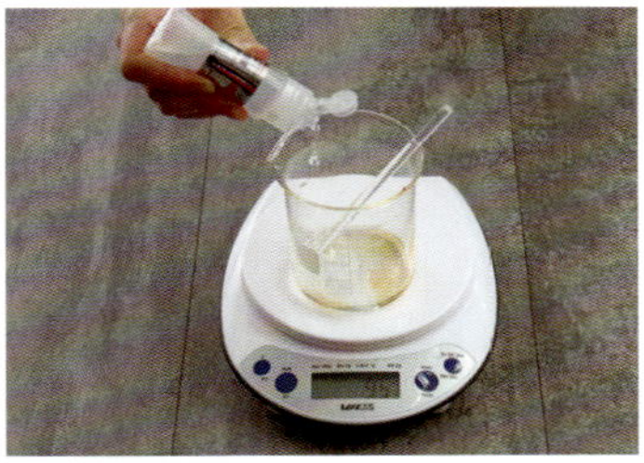

2 加入所有剩余添加物后，均匀搅拌，防止结块。

3 倒入玫瑰水，搅拌至呈现白色。

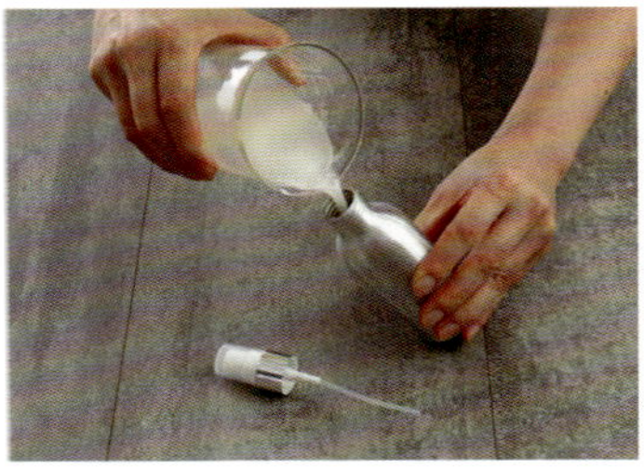

4 将完成后的喷雾倒入消毒后的容器内。

使用方法

1. 能够代替爽肤水使用。
2. 化妆后，皮肤感觉干燥时可以喷洒使用。
3. 可将供1周使用的量装进喷雾容器中随身携带，剩余的进行冷藏保存，防止变质。

小贴士 如果首先计量并添加玫瑰水，然后再加入添加物和天然精油，则油脂无法完全溶解，会漂浮在表面，使用时必须摇晃后再喷出。也可使用薰衣草精油代替檀香木精油。

蜗牛再生精华液

蜗牛的黏液中含有黏度很高的黏液素，这种成分能够促进肌肤再生，具有保湿功效，含有这种成分的化妆品大部分价位较高。原料本身价位虽高，但我们能够用低廉的材料制作出比市面销售的蜗牛精华液更高档的产品。

难易度
容易
预期时间
30分钟
加热过程
有
保存
冷藏保存3个月

<100mL 分量>

主原料
橙花水 30g
蜗牛提取物 50g
橄榄蜡 3g

油上层
玫瑰果油 4g
摩洛哥坚果油 2g

添加物
维生素E 1g
天然保存剂 2g
EGF（表皮细胞生长因子）3g

天然精油
橙花 4滴
乳香 4滴

将蜗牛提取物的黏度调整到水状，便于在制作天然化妆品时添加使用。成分中的软骨素能够使皮肤更为柔滑，无须加入其他添加物或保湿剂，也能够制成高品质化妆品，且耐热度高，即使加热也无妨。

1 在消毒后的容器内分别计量蜗牛提取物及橄榄蜡并加热。

2 温度达到75℃后，在1中添加玫瑰果油及摩洛哥坚果油，用化妆品搅拌器搅拌约1分钟。

3 边添加橙花水和添加物，边用勺子轻微搅拌。

4 添加天然精油后均匀搅拌。

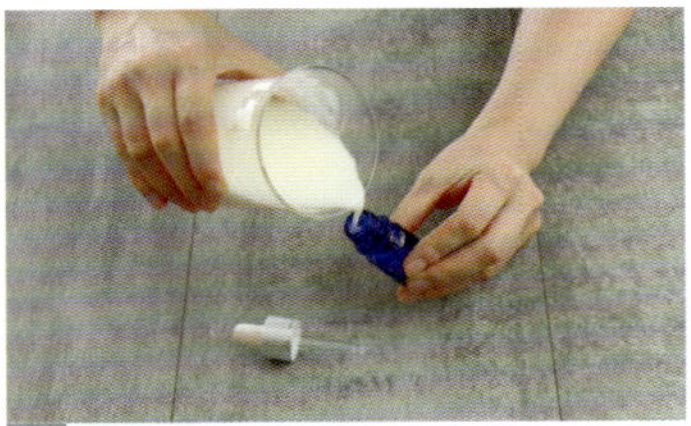

5 盛装入消毒后的容器中。

使用方法
1. 使用爽肤水后涂抹蜗牛精华液。
2. 可将供1周使用的量装进化妆品容器中随身携带，剩余的进行冷藏保存，防止变质。

小贴士 蜗牛提取物量不足时，可使用水或芦荟凝胶代替。

芦荟保湿霜

这款保湿霜浓缩了芦荟中的高保湿因子，能够有效舒缓肌肤，在短时间内消除烧伤或晒伤引起的灼热，并促进肌肤再生。制作方法十分简单。

难易度
非常容易
预期时间
15分钟
加热过程
无
保存
冷藏保存2个月

<100mL 分量>

主原料
芦荟凝胶 60g
保加利亚玫瑰水 10g
绿茶提取物 20g

添加物
韩方保存剂 4g
高保湿锁水成分
Lipidure（一种高效保湿因子）1g

绿茶提取物中含有大量多元酚儿茶素（poly-phenol catechin）成分，具有抗氧化功效，同时具有美白、抗炎、保湿、调节油脂、清理毛孔等多重功能。
保加利亚玫瑰水比普通玫瑰水更具有舒缓、再生肌肤的功效，且香气浓厚，即使不添加天然精油，也能够留有余香。
高保湿锁水成分是能够柔化肌肤、高效锁水的优质原料。

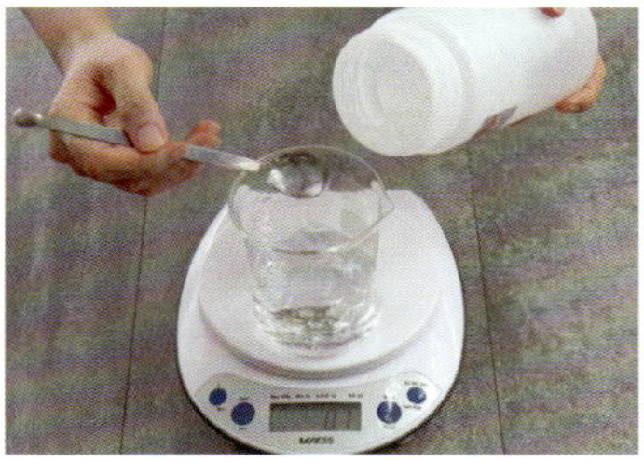

1 在消毒后的烧杯中计量芦荟凝胶。

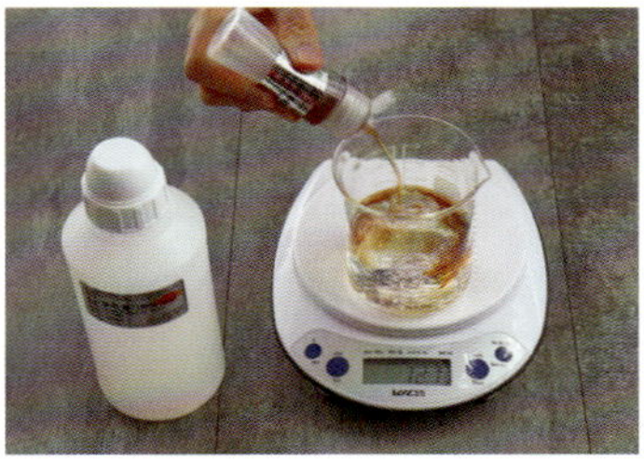

2 添加保加利亚玫瑰水及绿茶提取物，调节黏度。

3 加入添加物并均匀搅拌。

4 盛装入消毒后的容器中。

使用方法

1. 芦荟保湿霜在使用爽肤水后使用，或直接涂抹。
2. 可将供1日使用的量装进化妆品容器中随身携带，剩余的进行冷藏保存，防止变质。

小贴士 如果添加油脂成分，会变为白色，无透明度，因此没有添加天然精油及维生素E。如果不需要透明度，也可以添加油脂成分。

紫草保湿润唇膏

在寒风习习的季节，您的嘴唇是否也开始干燥或起皮了呢？那么请尝试制作这时所需的润唇膏吧。无论怎样涂抹润唇膏或唇彩嘴唇都依旧干燥的问题，仅需一支紫草保湿润唇膏即可迎刃而解。

难易度
略有难度
预期时间
30分钟
加热过程
有
保存
常温下
3个月

<50mL 分量>

油上层
荷荷巴油 10g
摩洛哥坚果油 10g
蓖麻油 12g
紫草根浸泡油 3g
乳木果油 3g
蜂蜡（蜜蜡）8g

添加物
维生素E 1g

天然精油
草莓（香熏精油）5滴
葡萄（香熏精油）5滴

乳木果油能够维持摩洛哥坚果油、蓖麻油、荷荷巴油的保湿效果。
紫草根浸泡油具有抗炎成分，能够缓解嘴唇的炎症。紫草根浸泡油的做法是在荷荷巴油或葵花籽油中放入紫草根约2周，在常温下逐渐浸泡呈现红色。
蜂蜡是固体乳化剂，具有保湿、抗炎功效。
香熏精油又称作“flavor oil”，是可以添加入食品的香料，味甜、无刺激，主要用作润唇膏原料。

1 在消毒后的烧杯中计量油上层原料。

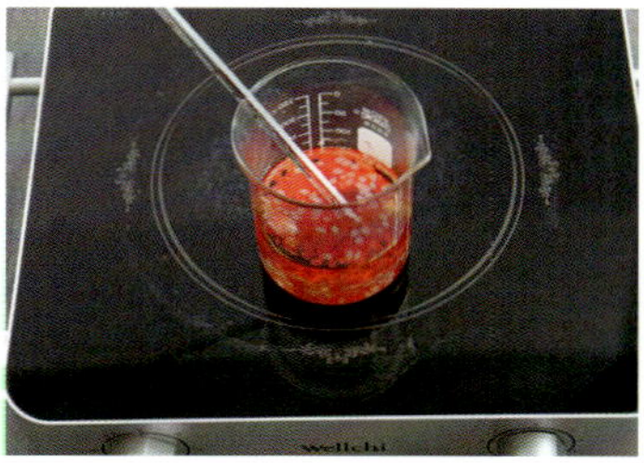

2 将1放在电陶炉上缓缓搅拌，加热至70℃，当蜂蜡剩余五六个结块时，将其从电陶炉上取下，利用余热熔化。

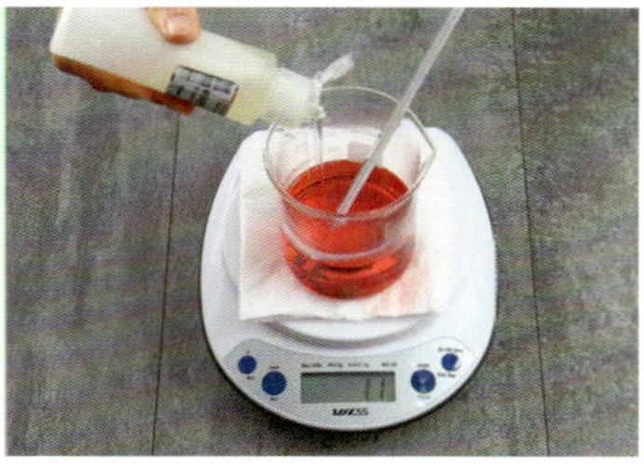

3 在电子秤上铺垫餐巾纸，放上2后，添加维生素E及香熏精油，均匀搅拌。

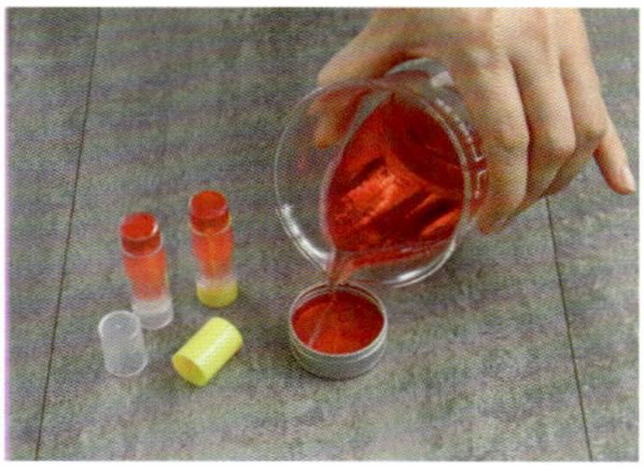

4 倒入铝制容器或唇膏容器中凝固。

小贴士 油上层加热的温度过高时，在极度膨胀过后又会有所收缩，会造成容器内成品的表面下陷，不美观。因此，当烧杯壁面开始略显白色时，将油倒入容器内并使其略微隆起，才能使成品更美观。

金盏花综合软膏

当被蚊虫叮咬后，您不妨尝试涂抹这款天然综合软膏。这款软膏对皮肤无刺激，适合幼儿或皮肤敏感人群使用。

难易度
非常容易
预期时间
10分钟
加热过程
有
保存
常温下
2个月

<5mL × 10分量>

油上层
金盏花浸泡油 30g
黄金荷荷巴油 15g

添加物
维生素E 1g
薄荷醇 0.5~1g

天然精油
乳香 5滴
德国洋甘菊 5滴
保加利亚薰衣草 20滴
茶树 20滴

金盏花具有抗炎、治愈伤口及促进细胞再生功效。
薄荷醇具有消炎作用，具有清凉感，能够快速缓解瘙痒。
保加利亚薰衣草比普通薰衣草的舒缓作用更显著，且香味更丰富。

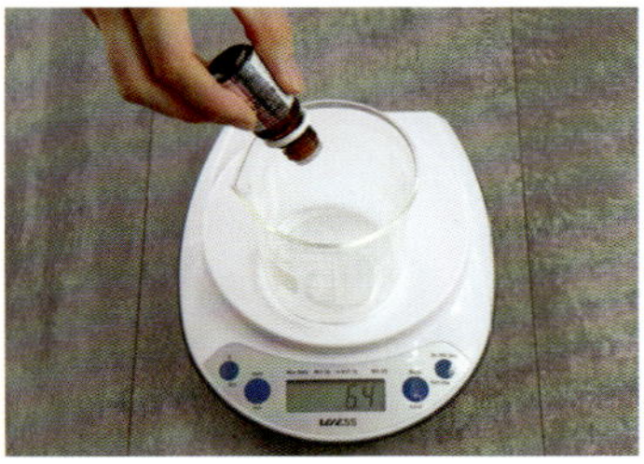

1 在消毒后的烧杯中计量所有油上层原料及薄荷醇。

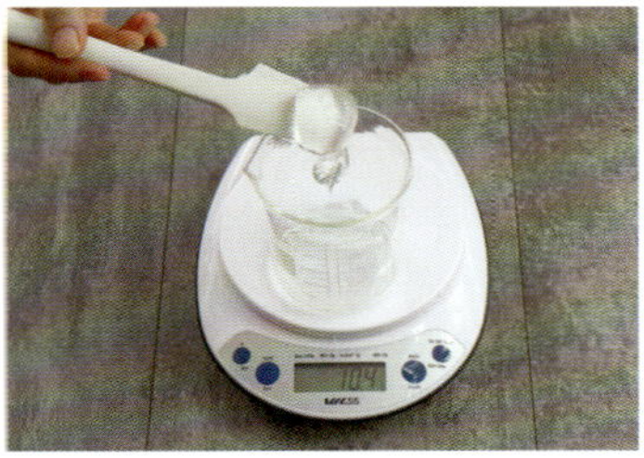

2 用保鲜膜密封烧杯，加热至40℃，熔化薄荷醇。

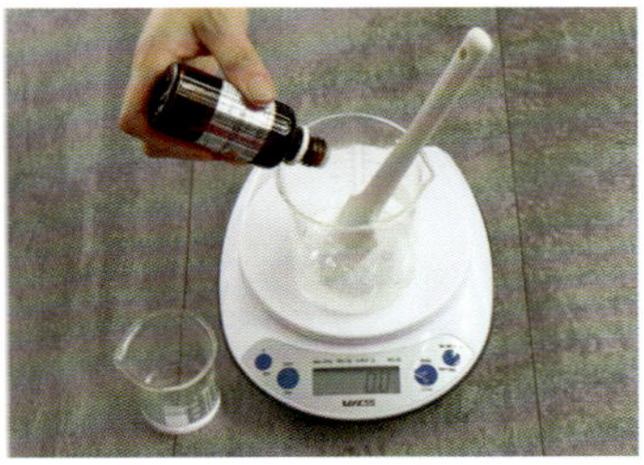

3 添加维生素E及天然精油并均匀搅拌。

4 倒入消毒后的圆柱容器或瓶子内。

使用方法
1. 被蚊虫叮咬后，涂抹于瘙痒处。
2. 注意避开眼睛及口腔部位。

小贴士 对香味敏感的人士可不添加天然精油及橄榄液，油上层原料中含有的inflacin*成分能够有效缓解瘙痒。

*含有inflacin成分的消炎药目前处于少量进口阶段，尚未有对应的中文词语。

除角质足霜

这款产品适合改善茧子和角质较多的粗糙皮肤。后脚跟或关节部位常常由于皲裂引发色素沉淀，使得人们无法穿短裤，那么请尝试使用这款除角质足霜吧。

难易度
容易

预期时间
30分钟

加热过程
有

保存
常温下
3个月

<30mL × 2分量>

油上层

甜杏仁油 20g
玫瑰果油 10g
荷荷巴油 5g
可可黄油 5g
乳木果油 10g
蜂蜡（蜜蜡）8g

添加物

维生素E 1g

天然精油

橘子 1茶勺
薰衣草 1茶勺

玫瑰果油有超强治愈皮肤伤口的效果，而且皮肤容易吸收。
可可黄油与乳木果油能够防止皮肤水分流失。
橘子精油能有效消除茧子，香气酸甜，令人身心愉悦。

1 在消毒后的计量容器内计量油上层原料。

2 将**1**放在电陶炉上缓缓加热至70℃，当蜂蜡剩余五六个结块时，从电陶炉上取下，利用余热熔化。

3 在电子秤上铺垫餐巾纸，将**2**放置在纸上，添加维生素E及天然精油并均匀搅拌。

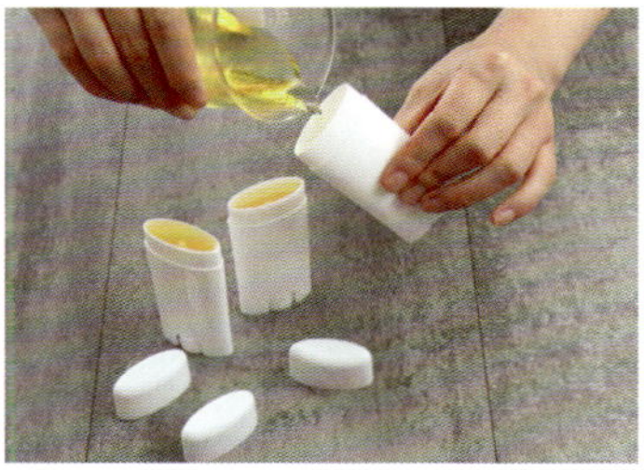

4 盛装入消毒后的容器凝固。

使用方法

1. 洗脚后涂上厚厚的足霜并用保鲜膜包裹，保持几小时后，角质将变软。
2. 平常可随时反复涂抹在茧子或干燥的皮肤上。
3. 在瘙痒部位涂抹效果更佳。

玫瑰粉

使用天然原料也能够制作出基础化妆品。化妆品也是直接接触肌肤的产品，因此值得我们费一番心思。这款粉不仅飘散着浓浓的玫瑰香气，还能够促进肌肤再生。

难易度
非常容易
预期时间
30分钟
加热过程
无
保存
常温下
3个月

<50mL 分量>

主原料
玉米淀粉 26g

添加物
高岭土 5g
二氧化钛粉 3g
氧化锌粉 2g
尿囊素粉 5g
彩色混合粉 23号 4g
银珍珠粉（化妆品用）0.1g

天然精油
玫瑰 5滴

玉米淀粉能够缓解瘙痒症，具有保湿功效，防止毛孔堵塞。
氧化锌能够缓解炎症，改善由于尿布引起的红疹，并具有阻隔紫外线功效。
二氧化钛同样具有阻隔紫外线功效。
珍珠粉能够提亮肤色，令皮肤焕发光彩。彩色混合粉避免皮肤过度的白皙，使肌肤显现自然色泽。

1 在消毒后的计量容器内计量玉米淀粉与所有添加物。

2 为防止结块，在1中均匀倒入天然精油，用干净的塑料袋适当封住开口处以防止粉末飞扬。

3 用化妆品搅拌器均匀搅拌2。也可使用细密的捞网反复筛匀。

4 盛装入消毒后的粉饼盒。

小贴士 去掉二氧化钛粉、彩色混合粉、银珍珠粉等，将天然精油换为茶树油、保加利亚薰衣草油后制成的粉，可涂抹在婴儿的臀部或皮肤叠合处。

辅酶凝胶面膜

这里将为您介绍选用高级功能性原料制成的适合多种肤质的凝胶面膜，制作方法奇妙无比。这是一款能够促进有效成分充分吸收的强效保湿面膜。

难易度
容易

预期时间
30分钟

加热过程
有

保存
冷藏保存2周

<50mL 分量>

主原料
卡拉胶粉（凝胶面膜粉）5g
精制水 150g

添加物
纳米辅酶Q10 3g
百年草保湿剂 3g
韩方保存剂 2g

乙醇 适量

天然精油
玫瑰天竺葵 2滴
甜橙 4滴

卡拉胶粉是提取自红藻类植物的天然增黏剂。在凉水中溶解度较低，在60℃以上则易溶解。此外，卡拉胶粉酸性较高时黏度降低，凝固后加热可重新成为溶液状态。

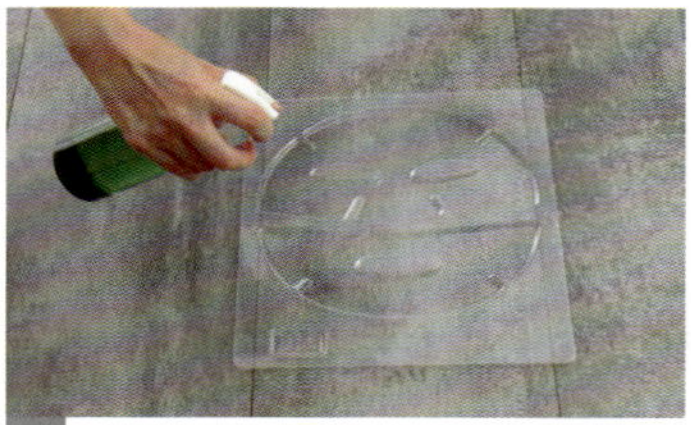

1 用乙醇对面膜模具及工具进行消毒并干燥。

2 在精制水中添加卡拉胶粉，均匀搅拌，使其产生黏度。

3 将 2 放在电陶炉上，防止底部焦煳，均匀搅拌并间接加热至60℃。

4 当变得透明时停止加热，加入添加物及天然精油，均匀搅拌。

5 缓缓倒入面膜模具中，在常温下凝固约5分钟，覆盖上塑料膜后，放入冰箱冷藏室凝固约1分钟。

6 从模具中分离出来使用。

使用方法
清洗面部并用爽肤水清洁面部后，从冰箱内取出凝胶面膜，从模具中分离出面膜后覆盖在皮肤上。5~10分钟后取下，涂抹基础油加以保湿。

小贴士 也可以不使用卡拉胶粉，另行准备面膜片，仅混合玫瑰水及添加物，放入面膜片充分吸收后，使用更加方便。

绿茶防晒喷雾

我们尝试使用最少的合成原料，在消除刺激性的同时，兼顾舒缓皮肤的功效和防晒的功能，制作出这款非常简单的防晒喷雾。随时喷洒，即使在灼热的阳光下也能够无忧无虑。

难易度
非常容易

预期时间
10分钟

加热过程
有

保存
冷藏3个月，常温下15天

<100mL分量>

主原料

芦荟水 20g
北美金缕梅水 70g

添加物

橄榄液 3g
蜂蜜提取物 3g
绿茶提取物 5g
天然保存剂 3g
二氧化钛液（水溶性）5g
氧化锌液（水溶性）5g
肉桂酸 1g

天然精油

花梨木 4滴
薰衣草 4滴

芦荟水能够阻隔紫外线，达到舒缓皮肤、保湿的功效。
绿茶提取物能够缓解皮肤问题，减少肉桂酸的刺激，具有美白、舒缓等功效。
肉桂酸是一种化学性紫外线吸收剂，能够吸收紫外线的热量，避免对皮肤造成影响。但它是敏感性原料，因此幼儿和有皮肤问题的人士最好避免使用。

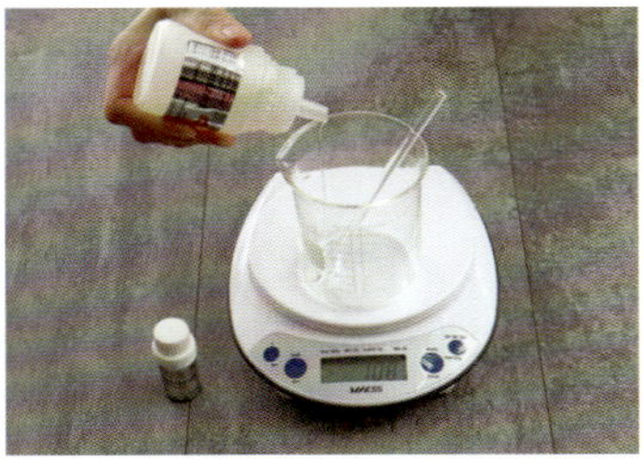

1 在消毒后的计量容器中添加天然精油和橄榄液，用玻璃棒均匀搅拌。

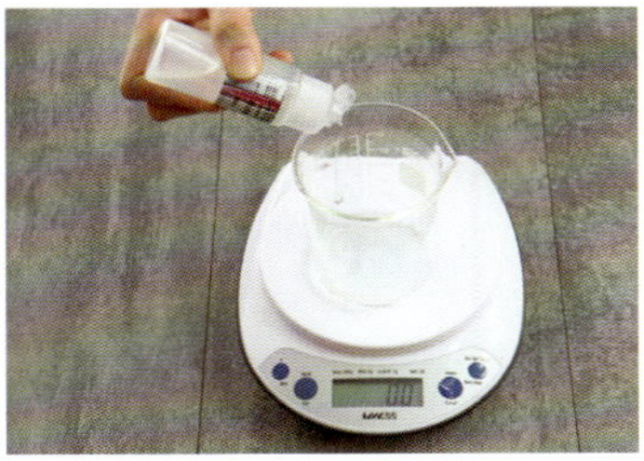

2 添加肉桂酸并搅拌后，加入剩余添加物。

3 倒入芦荟水及北美金缕梅水，均匀搅拌。

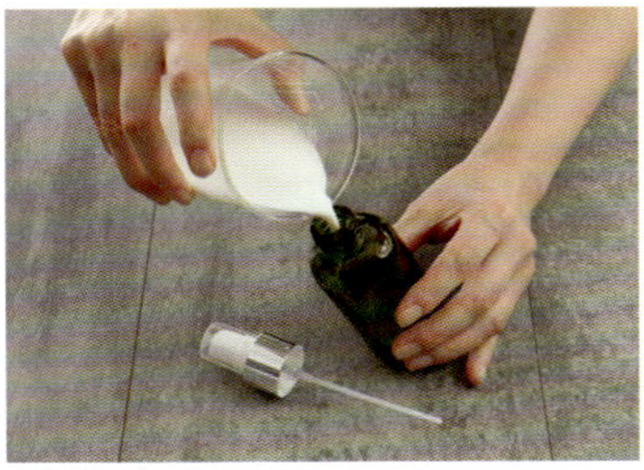

4 倒入消毒后的容器冷藏保存。

使用方法

1. 基础护肤最后阶段，在涂抹基础油前喷洒，也可以代替基础油使用。在化妆后喷洒，容易使妆容结块。
2. 涂抹在身体上，没有黏稠的感觉，质感柔滑、清爽，适合夏季使用。
3. 可将供1周使用的量装进小喷雾容器中随身携带，剩余的冷藏保存，防止变质。
4. 二氧化钛液及氧化锌液易沉淀，应先摇匀再使用。

广藿香男性爽肤水

男士需要剃须，因此脸部皮肤非常敏感。这款爽肤水能够在舒缓男士肌肤的同时，有效调节油脂，令皮肤清爽。

难易度
非常容易
预期时间
10分钟
加热过程
无
保存
冷藏3个月，
常温下15天

<100mL 分量>

主原料

迷迭香水 20g
北美金缕梅水 70g

添加物

橄榄液 2g
积雪草提取物 3g
天然保存剂 3g
透明质酸 1g
维生素E 1g

天然精油

广藿香 2滴
薰衣草 2滴

水类原料具有收敛效用，涂抹在皮肤上能够清理毛孔，调节油脂。
广藿香具有促进细胞再生、杀菌、防腐、收敛、淡化斑痕等功能。

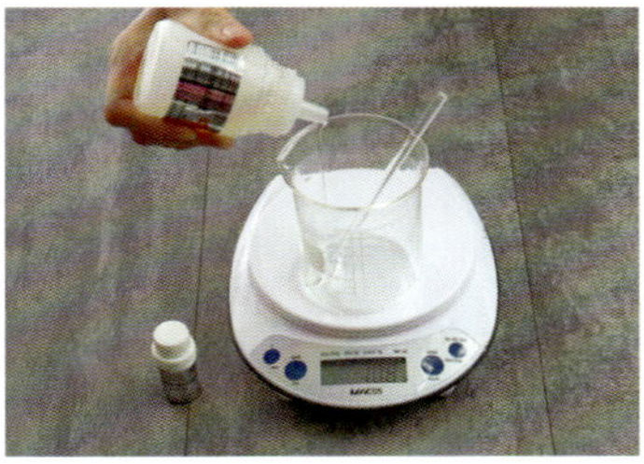

1 在消毒后的计量容器中添加天然精油和橄榄液，均匀搅拌。

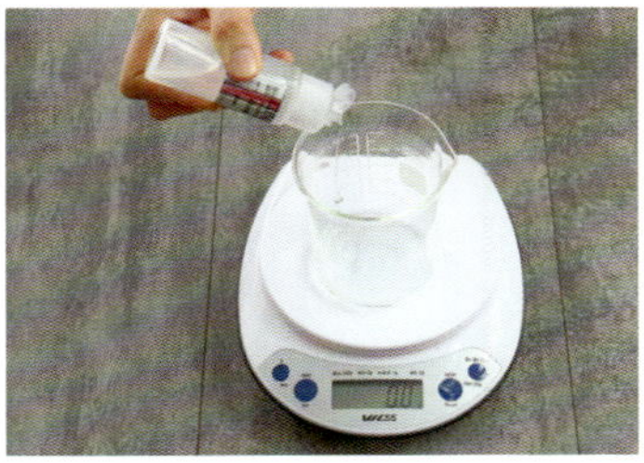

2 加入所有剩余添加物并均匀搅拌。

3 倒入迷迭香水及北美金缕梅水并均匀搅拌。

4 将完成的爽肤水倒入消毒后的化妆品容器内冷藏保管。

使用方法

1. 剃须或洗脸后用于护肤的第一阶段。
2. 可将供1周使用的量装进喷雾容器中随身携带 剩余的进行冷藏保存，防止变质。

小贴士 对香味敏感的人士可以仅添加水类原料、提取物、透明质酸及保存剂，摇匀后使用。

色木槭美白精华素

色木槭是具有美白和保湿功效的天然原料，能够去除黑痣及斑痕，令皮肤白皙透亮。

难易度
容易
预期时间
30分钟
加热过程
有
保存
冷藏3个月

<100mL 分量>

主原料
茉莉花水 60g
芦荟凝胶 10g
橄榄蜡 3g

油上层
荷荷巴油 3g
黑芝麻油 3g

添加物
迷迭香抗氧化剂 4滴
韩方保存剂 2g
色木槭精华素 5g
熊果素 1g
植物美白剂 3g
桑白皮提取物 3g

天然精油
花梨木 2滴
广藿香 2滴

黑芝麻油能够阻隔紫外线。
迷迭香抗氧化剂比维生素E抗氧化效果更强，还具有迷迭香的清香气息。
色木槭具有抗氧化、高保湿、美白、再生等多重功效。

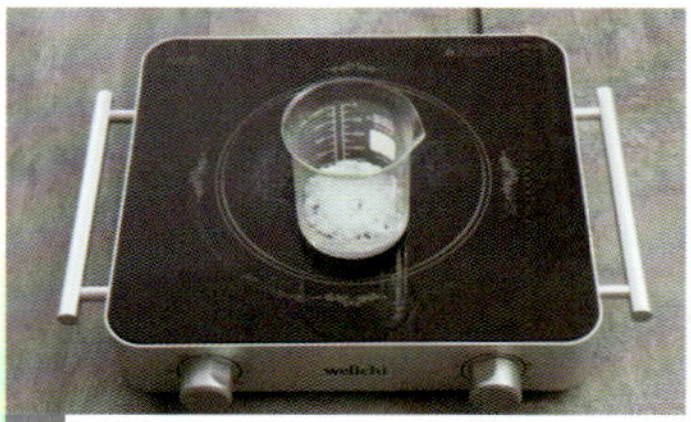

1 在消毒后的计量容器中计量茉莉花水、芦荟凝胶、橄榄蜡，加热熔化橄榄蜡。

2 1的温度达到75℃时，取下烧杯，添加油上层原料，用化妆品搅拌器搅拌约1分钟。

3 在桑白皮提取物中化开熊果素。

4 在2中添加3的材料及剩余添加物、天然精油，均匀搅拌。

5 盛装入消毒后的容器并冷藏保存。

小贴士 添加美白原料后，形态会逐渐变稀，并非变质。

柔肤防晒霜

近来紫外线强烈，防晒霜成为必备品。但过于厚重且油腻的质感令人不由得避而远之。现在您可以尝试涂抹具有清凉感的柔肤型防晒霜了。

难易度
一般
预期时间
40分钟
加热过程
有
保存
冷藏保存3个月

<120mL 分量>

水类原料

北美金缕梅水 60g

芦荟水 10g

油上层

白芒花籽油 8g

绿茶籽油 5g

甜杏仁油 5g

乳木果油 2g

橄榄蜡 3g

蒙旦蜡 68 2g

十六十八醇 0.5g

二氧化钛液（脂溶性）8g

氧化锌液（脂溶性）8g

肉桂酸 1g

添加物

维生素E 1g

天然保存剂 2g

蜂蜜提取物 4g

泛酰醇 1g

橄榄液 0.5~1g

天然精油

德国洋甘菊 2滴

迷迭香 2滴

十六十八醇是主要含有十六醇和十八醇的固态脂肪醇的一种混合物，是一种乳化剂、润滑剂、增黏剂。

二氧化钛属于石粉的一种，具有阻隔紫外线的物理功效，能够缓解由于日晒造成的肌肤赤红，温和无刺激。

氧化锌又被称为“锌氧粉”，能够阻隔紫外线，防止其侵入皮肤深层，预防肌肤老化。

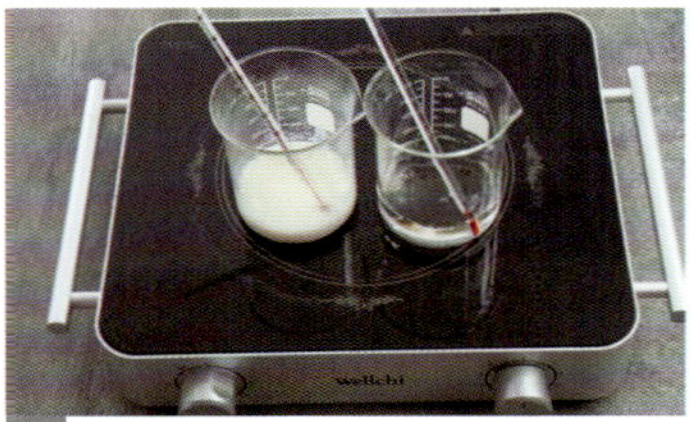

1 在消毒后的计量容器内分别计量水类原料及油上层原料并加热。

2 两个烧杯均达到75℃时，在油上层原料内倒入水类原料，用化妆品搅拌器搅拌1~2分钟。

3 持续搅拌直至原料呈紧致丝滑形态、搅拌器无法转动为止。

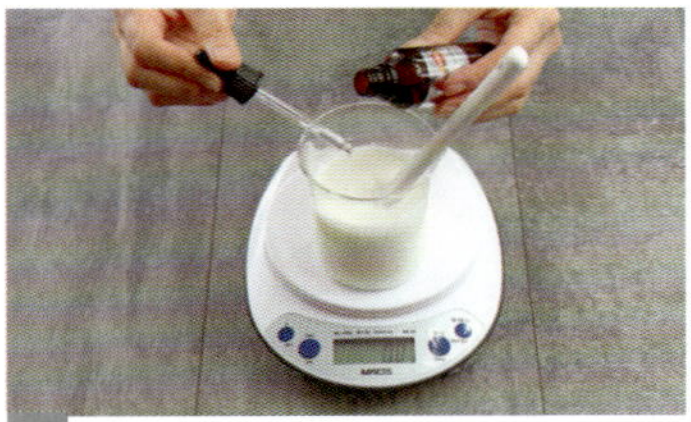

4 在3中加入除橄榄液之外的其他添加物及天然精油，用勺子均匀搅拌。

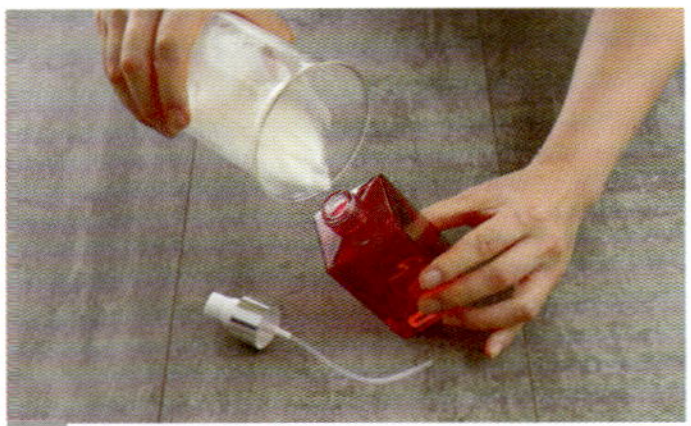

5 最后加入橄榄液，搅拌后盛装入消毒后的容器中。

使用方法

1. 在基础护肤品最后阶段涂抹。
2. 可将供1周使用的量装进化妆品容器中随身携带，剩余的冷藏保存，防止变质。

全效BB霜

慌乱繁忙的早晨，您肯定希望简单快速地结束化妆。湿热的夏季，您也在为厚重的化妆品感到心烦吧。这款全效BB霜集精华液、乳液、防晒隔离霜功效于一身，便捷省时。

难易度
略有难度
预期时间
40分钟
加热过程
有
保存
冷藏保存
3个月

<100mL 分量>

水类原料
薰衣草水 50g
芦荟水 10g

油上层
白芒花籽油 3g
黑芝麻籽油 3g
荷荷巴油 5g
橄榄蜡 3g
蒙旦蜡68 2g
鲸蜡醇（辅助乳化剂）1g
二氧化钛液（脂溶性）5g
氧化锌（脂溶性）5g
BB粉24号 4g

添加物
维生素E 1g
韩方保存剂 2g
EGF（表皮细胞生长因子）3g
泛酰醇 2g
西红柿提取物 2g
橄榄液 0.5~1g

天然精油
香水树 2滴
花梨木 2滴

BB粉是在彩色混合粉中添加基础复合物后柔滑感与附着感更高的原料，色彩更为自然。
西红柿提取物具有防止皮肤衰老、美白、保湿的功效，能够保护暴露在紫外线下的肌肤，解决皮肤毛孔问题。

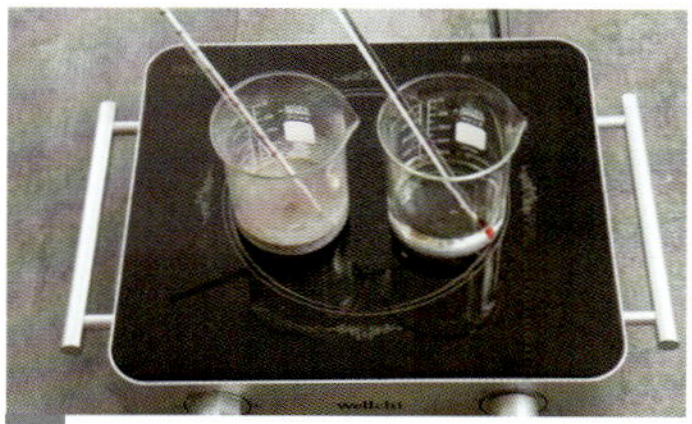

1 在消毒后的计量容器中分别计量水类原料与油上层原料并加热。

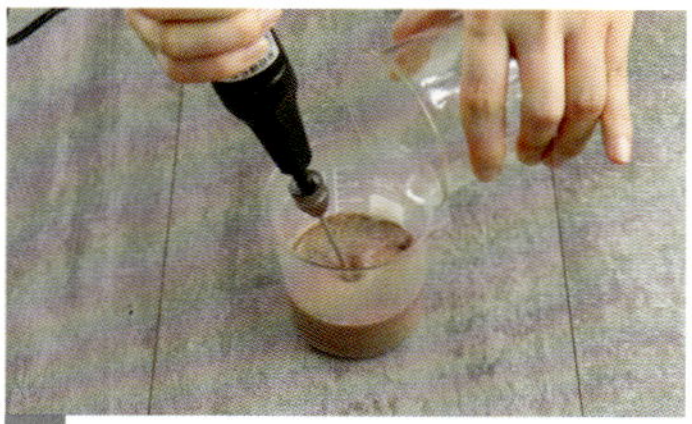

2 当两个烧杯均达到75℃时，在油上层中添加水类原料，用化妆品搅拌器搅拌1~2分钟。

3 持续搅拌直至原料呈紧致丝滑形态、搅拌器无法转动为止。

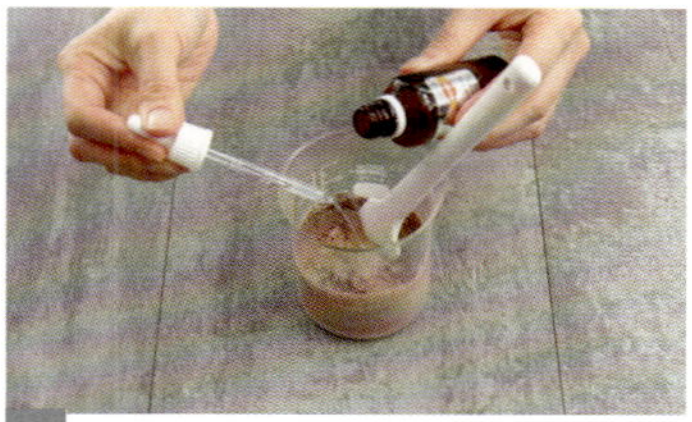

4 在3中加入除橄榄液之外的其他添加物及天然精油，用勺子均匀搅拌。

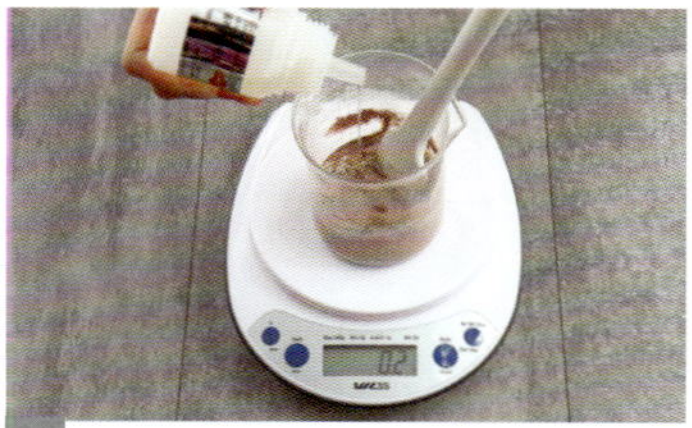

5 最后加入橄榄液，均匀搅拌。

6 待液体变得柔和，盛装入消毒后的容器中。

火麻仁皮炎霜

在瘙痒并伴随炎症的皮肤上涂抹这款皮炎霜，不仅能够缓解炎症，还具有保湿功效，令皮肤倍添光泽。特别是在宝宝皮肤叠合处涂抹，效果更佳。

难易度
容易
预期时间
30分钟
加热过程
有
保存
常温下
3个月

<30mL × 2分量>

油上层

火麻仁油 10g
琼崖海棠油 5g
甜杏仁油 10g
玫瑰果油 5g
荷荷巴油 10g
乳木果油 5g
蜂蜡（蜜蜡）（非精制） 8g

添加物

维生素E 2g

天然精油

茶树（有机）20滴
薰衣草（有机）20滴

火麻仁油含有ω-3、ω-6，能够缓解炎症、促进肌肤再生，同时含有大量必需脂肪酸，有助于营造健康肌肤。
琼崖海棠油具有抗炎、再生功效。
玫瑰果油有显著的治愈伤口的功效，而且易于皮肤吸收。

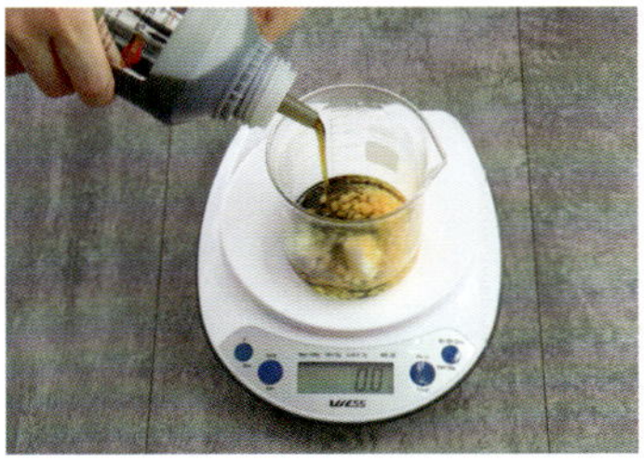

1 在消毒后的烧杯中计量所有油上层原料。

2 将1放在电陶炉上缓缓加热至70℃，待蜂蜡剩余五六个结块时，从电陶炉上取下，利用余热熔化。

3 在电子秤上铺垫餐巾纸，放置2的烧杯，添加维生素E及天然精油后均匀搅拌。

4 装入消毒后的容器。

使用方法

1. 在涂抹润肤露后，再涂抹一层皮炎霜，增强保湿力的同时减缓瘙痒。
2. 平常可涂抹在茧子部位或干燥、瘙痒部位。

月见草皮炎润肤露

对皮炎性皮肤，首先考虑消除瘙痒，因此在这款润肤露中添加了保湿和缓解炎症的原料。质感清爽，适合婴幼儿使用。

难易度
容易

预期时间
30分钟

加热过程
有

保存
冷藏保存3个月，常温下15天

<100mL 分量>

水类原料
扁柏水 60g
芦荟凝胶 5g

油上层
月见草籽油 5g
荷荷巴油 3g
摩洛哥坚果油 5g
甜杏仁油 5g
乳木果油 3g
橄榄蜡 3g
蒙旦蜡68 2g

添加物
维生素E 1g
韩方保存剂 2g
蜂蜜提取物 3g
纳米神经酰胺（水溶性）2g
黄芩发酵提取物 3g

天然精油
德国洋甘菊（有机）2滴
薰衣草（有机）2滴

扁柏水含有植物杀菌素成分，能够有效缓解炎症。
月见草籽油是一种历史悠久的药用植物，含有人体必需脂肪酸——亚麻酸、γ-亚麻酸。γ-亚麻酸是一种母乳中富含的成分，能够增强免疫力、缓解炎症。
黄芩发酵提取物是将黄芩香草的成分发酵后所得，能够迅速治疗过敏反应，对敏感性皮肤起到舒缓效果。

1 在消毒后的计量容器中分别计量水类原料及油上层原料并加热。

2 两个烧杯均达到75℃时，在油上层原料中倒入水类原料，用勺子搅拌约5分钟。

3 用化妆品搅拌器搅拌1~2分钟，为防止产生泡沫，将搅拌器贴近烧杯底部，打开电源后使用，电源关闭后取出。

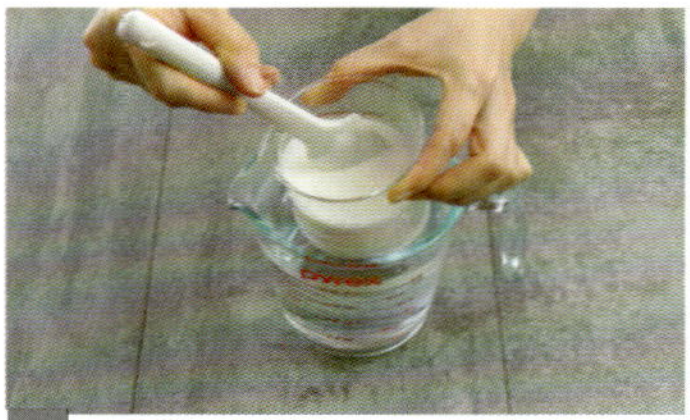

4 在凉水中放入3的烧杯，用勺子搅拌约1分钟，消除气泡，呈酸奶状即可。

5 依次加入添加物和天然精油，随时用勺子轻微搅拌。

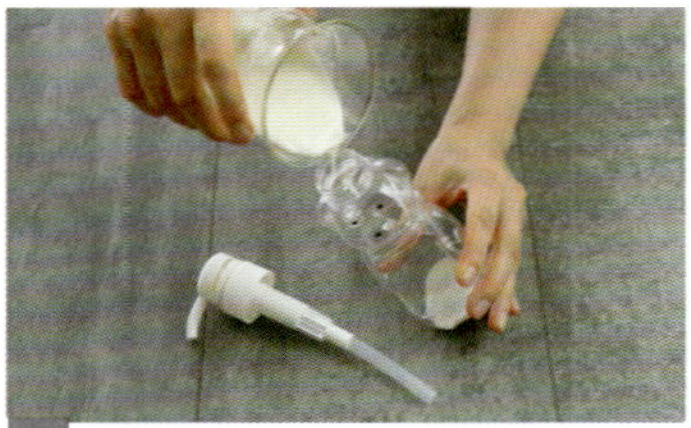

6 装入消毒后的容器。

使用方法

1. 沐浴后在水汽干涸前，在脸部及全身涂抹润肤露。
2. 可将供1周使用的量装进小化妆品容器中随身携带，剩余的冷藏保存，防止变质。

小贴士 请不要过久使用搅拌器，否则易使皂液质感稠硬。

儿童草莓牙膏

长久以来都是毫无戒备地使用着牙膏，直到偶然得知它其实是合成表面活性剂的化身，才大吃一惊。再想到孩子们也在使用着这样的产品，更是无比揪心。所以，我便开始尝试制作天然安全的儿童牙膏。

难易度
非常容易
预期时间
15分钟
加热过程
无
保存
常温下
2个月

<120mL 分量>

主原料
精制水 85g
黄原胶 1g
甘油 25g

添加物
碳酸氢钠（小苏打粉）12g
尿囊素粉 2g
木糖醇 5g
韩方保存剂 3g
蜂胶 0.5g
苹果表面活性剂 3g
草莓粉 2g

天然精油
荷兰薄荷 5滴

香精
草莓（FO）5滴

碳酸氢钠具有清洁效果。
木糖醇是一种甜味剂，味道甜美，能够预防虫牙，同时减少碳酸氢钠的咸味。
苹果表面活性剂是一种无刺激的天然表面活性剂，能够产生适量泡沫，质感舒适。
荷兰薄荷能够美白牙齿、除口臭。

1 在消毒后的计量容器中共同计量黄原胶、甘油、精制水，均匀搅拌至呈合适黏度。

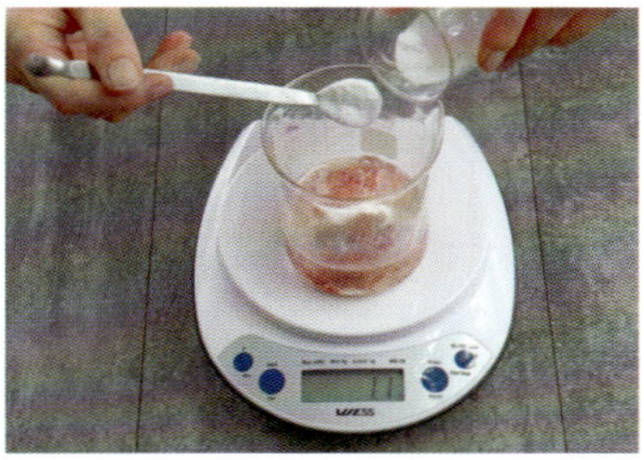

2 添加碳酸氢钠及其他添加物，均匀溶解。

3 添加天然精油及香精并均匀搅拌。

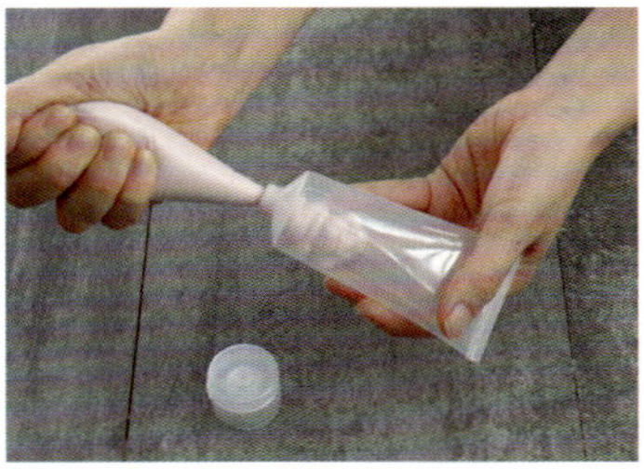

4 将牙膏倒入挤花袋中，然后挤入消毒后的管状容器。

芳香之家

PART 6

HOME AROMA

营造芳香之家的生活用品

随着生活水平的不断提高，越来越多的人开始关注养生之道，人们逐渐开始找寻天然芳香制品，并开始学习其制作方式。曾一度在高级酒店或饭店的化妆室内才能见到身影的香熏棒或蜡烛等，如今在普通人家几乎成了普遍的生活必备品。与之前的以少数消费人群为对象生产的高价产品相反，如今很多工厂开始大批量生产格调单一的人工芳香制品。很多人来不及细想这样的产品会对我们的身体造成何种伤害就开始盲目使用。

不知道是否由于意识到了这些问题，很多来听讲座的学生和周围的友人除咨询天然香皂、化妆品外，也开始咨询天然芳香生活用品的制作配方。因此，本章将为大家介绍装扮美丽典雅家庭的最后一个细节，即天然芳香生活用品，如蜡烛、香熏棒、芳香剂等日常生活中极为实用的制品。如同第五章的理念，本章中也将以介绍适用于初学者制作的安全、简单的配方为主。

芳香蜡烛基本原料

蜡烛是由蜡与蜡烛芯组合而成，对添加物没有限制，因此可制作出多种多样的款式。在正式了解配方之前，我们有必要了解一些基本原料常识。

1. 石蜡

制作蜡烛时，最为基本的原料是蜡。蜡是精炼原油（crude oil，石油）时产生的副产物再次提炼得到的。石蜡无色无味，根据其熔点的不同，用途各异。不同种类的熔点略有差异，一般在50~70℃。常温下呈不透明的固体形态，熔化后变得透明，比天然蜡的收缩程度高。由于比水轻，因此常用于制作漂浮在水面的浮水蜡烛。由于熔点各异，根据不同性质可采用多样化的制作方法。石蜡的种类如下表所示。

石蜡种类	石蜡141	石蜡120	石蜡139	石蜡163	EG蜡
特征	利用标准石蜡制作长条圆柱形蜡烛	属于熟蜡，多置于容器内，制作罐蜡	用于制作棱角分明的蜡烛	色彩鲜明、熔点高，用于制作水果或糕点形状的蜡烛	呈块状
熔点	60℃	48℃	60℃	73℃	60℃
操作温度	85℃	75℃		90℃	85℃
多效辅助剂的使用	为防止收缩，令色彩更鲜明，添加1%~2%	无须添加多效辅助剂			添加多效辅助剂
产地	日本	美国	美国		

2. 胶状蜡

和石蜡一样是石油的副产物，将流动石蜡的黏度提高后制作而成，透明度更高。倾倒时易产生气泡，为了制成纯净的蜡烛，请小心灌注。常温下较软，易于操作，但比石蜡熔点高（90℃以上），因此对可添加的油脂有所限制。添加天然精油或香精后，容易变白，因此应添加专用油脂，或在经过测试后方可添加。比起石蜡，适宜使用1号左右较粗的蜡烛芯。

胶状蜡种类	胶状蜡MP	胶状蜡HP
特征	适用于做倾注进容器的罐蜡	弹力好，适用于制作冰块或水果形状的蜡烛
熔点	93℃	110℃以上

3. 天然蜡

并非提炼自石油，而是来自自然的蜡。对于敏感人士，这种天然蜡制成的蜡烛无刺激、有益身心，价位相对较高。具有代表性的有蜂蜡（bees wax）、大豆蜡（soy wax）、棕榈蜡（palm wax）等。

蜂蜡	大豆蜡	棕榈蜡
·提取自蜂巢，散发蜂蜜清香，无须添加其他香薰油也能够散发隐隐的香气 ·淡黄色或白色 ·具有黏性，使用1号粗蜡烛芯 ·质地较硬，使用硅胶模具代替普通模具	·由豆油提炼制成，具有柔和的奶香 ·象牙色 ·有罐蜡和柱状蜡两种 ·罐蜡中可添加天然精油 ·柱状蜡不用模具，而是与石蜡120混合，防止龟裂	·提取自棕榈或椰子 ·具有鲜明的色彩与光滑的表面 ·使用导热率高的铝制模具，水晶花纹更鲜明 ·熔点是70℃，在90℃温度下操作，易于产生水晶花纹

4. 蜡烛芯(wicks)

蜡烛芯的种类不同，火焰色泽也不尽相同，随之所带来的气氛千变万化。根据蜡的种类、大小的不同，常用的蜡烛芯种类也十分多样化。具有代表性的、较为常用的有棉芯、锌芯，以及近年来品牌蜡烛常用的木芯。

蜡烛芯种类	棉芯	锌芯	木芯
适用蜡	几乎所有的蜡都适用	适用于罐蜡，不用于水晶棕榈蜡	主要用于大豆蜡
特征	由天然纤维制成，分为1~5号（茶烛适用1号，天然蜡适用比1号更粗的棉芯）	锌芯的外层包裹有棉，能够竖直挺立	“噼啪”的木头燃烧声配以木材的清香。蜡烛芯较宽，能够迅速形成烛泪，散发清香迅速，烟气少

5. 多效辅助剂

针对石蜡使用，可防止收缩、加强硬度，添加1%~2%的量，能够使蜡烛色彩更鲜明，提升天然蜡烛的品质。

6. 色素

可用于做蜡烛的色素有染料和颜料。用于蜡烛的是能够完全溶解的脂溶性染料，有固体、液体、粉状类型，初学者宜使用便于调节用量的液体类型。颜料是水彩等能够产生色泽的原料，不溶于蜡烛，呈细粉状，会影响到烛光，常用于雕刻用蜡烛。

7. 香熏油(aroma oil)

分为天然精油（EO）及香精（FO），两种都能够用于蜡烛，但在熔点高的蜡中，天然精油易挥发，因此主要使用香精。香熏油最多添加4%，如果量过多则会溢出蜡烛表面，不仅影响美观，而且容易使火焰四溅，危险性高。

茶烛

茶烛的尺寸较小，外形并不华丽，放置在香熏烛台之上，温水或短暂需要蜡烛的时候能够起到辅助作用。由于用途广，制作后保存起来，方便随时使用。由于添加了香熏油，也可充当芳香剂。

难易度
容易
预期时间
30分钟
加热过程
有

<200g 分量>

主原料
石蜡120 200g
茶烛用棉芯 10根
液体染料 少许

香熏油(3%的量)
薰衣草（EO）3mL
橙子（FO）3mL

工具
茶烛杯（选择玻璃、铝、聚碳酸酯等材质）

石蜡120能够防止收缩，主要适合制作放置在容器内燃烧的蜡烛。可使用大豆罐蜡代替。由于石蜡120在60℃左右熔化，因此添加了薰衣草天然精油。

1 将石蜡120添加进烧杯，加热使其熔化。

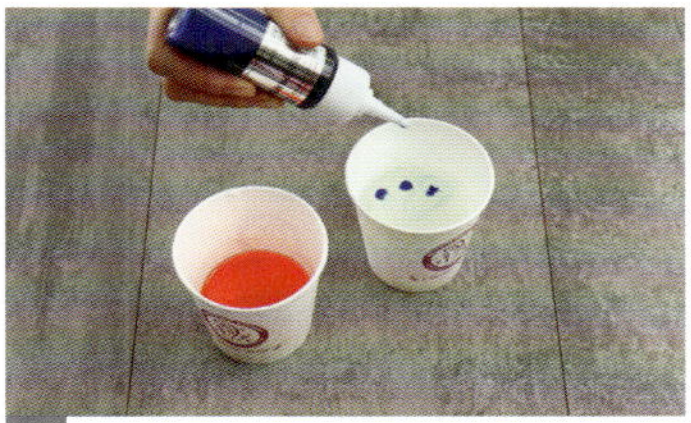

2 1的石蜡全部熔化后，当温度达到80℃时添加染料。

3 添加香熏油并搅拌。

4 将蜡满满地倒入茶烛杯。

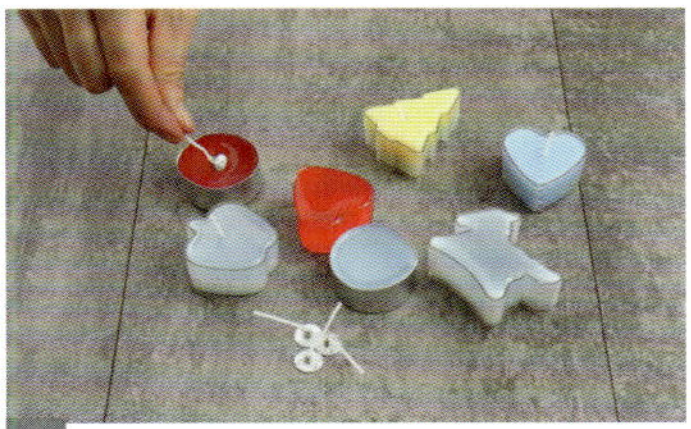

5 当茶烛杯中的蜡边缘开始凝固并呈现白色时，在中间插入棉芯。

使用方法

1. 可以放置在饭桌上充当芳香剂。
2. 可加热香熏烛台上的水，或加热干酪、咖喱等食物。
3. 放在玻璃水盘上，充当浮水蜡烛使用。

小贴士 当在石蜡中添加染料时，首先在白纸上观察熔化后的石蜡色彩，确定是自己喜爱的色彩后再进行操作。

柠檬—薰衣草大豆蜡蜡烛

使用具有空气净化功效的柠檬，能够令室内空气更为清新淡雅，而薰衣草则是有利于舒缓身心的天然香草。嗅觉敏感的人士也能够尽情使用大豆蜡，这是一款高品质环保蜡烛。

难易度
容易
预期时间
50分钟
加热过程
有

<220g 分量>

主原料
大豆蜡 220g
木芯 1根

香熏油（5%的量）
薰衣草（EO）6mL
柠檬（EO）6mL

工具
玻璃容器 230~240mL
双面胶

大豆蜡是由大豆制成的蜡，熔点低，制作过程中不易收缩，适于与天然精油混合。
木芯燃烧的声音令人仿佛置身于自然之中，身心宁静。由于面积宽，短时间即可散发香气。

1 将大豆蜡添加进烧杯，加热使其熔化。

2 1的大豆蜡熔化过程中，在木芯底座上粘贴双面胶，固定在玻璃容器中央。

3 大豆蜡全部熔化后添加香熏油。

4 将3倒入玻璃容器，等待其表面凝固。

5 全部凝固后剪裁蜡烛芯。

小贴士 请根据容器直径选择大小适宜的木芯。没有木芯，也可选用棉芯。大豆蜡蜡烛不掉落烛泪，无论在何处，尽可放心使用。

水晶棕榈蜡烛

水晶棕榈蜡烛的表面具有水晶或大理石花纹，无须其他装饰，本身就集优雅与美丽于一体。您可以将这款蜡烛灵活地用于家居装饰。

难易度
容易
预期时间
50分钟
加热过程
有

<500g 分量>

主原料
棕榈蜡 500g
棉芯4号15cm 1根
液体染料 少许
离型剂

香薰油（4%）
薰衣草（FO）10mL
麝香（FO）10mL

工具
铝制容器（3in* ×4.5in）1个
铜箔胶带

棕榈蜡在90℃以上倾倒入铝制容器，能够形成鲜明的水晶花纹，因此相对于添加天然精油，更适合添加香精，这样有助于长久留香。

1 将棕榈蜡添加进烧杯，加热使其熔化。

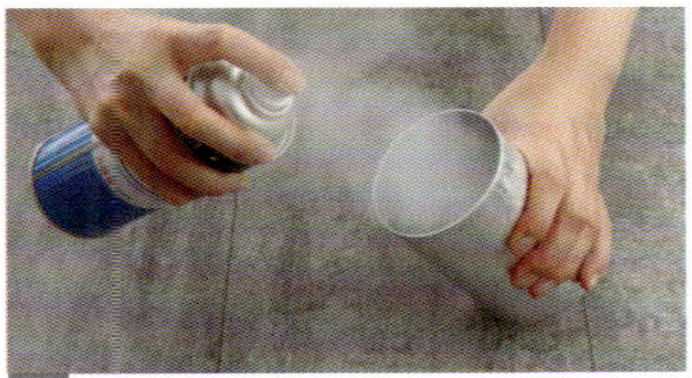

2 在铝制容器中喷入离型剂。

3 在容器中央穿入蜡烛芯。

4 穿过蜡烛芯的孔洞比蜡烛芯粗，倒入蜡时易流出，因此使用铜箔胶带或纸泥堵住孔洞，或将蜡烛芯打两次结。

5 1的棕榈蜡熔化后添加染料及香薰油。

6 将5倒入铝制容器。

7 全部凝固后，从容器中分离取出，剪裁蜡烛芯。

小贴士 天然蜡适用比1号更粗的蜡烛芯，这样可以防止烛光变小或熄灭。由于会滴落烛泪，请务必铺垫蜡烛座。

---

*in即英寸，为非法定计量单位，1in=2.54cm。考虑到行业惯例，本书予以保留。

海中风景蜡烛

透明的胶状蜡，使得大海中色彩斑斓的海星、可爱的贝壳、鱼儿呈现在这款别样的蜡烛当中。不仅激起了我们的童心，而且给我们带来了无限乐趣。

难易度
容易
预期时间
40分钟
加热过程
有

<230g 分量>

主原料

胶状蜡MP 200g
锌芯3号10cm 1根
彩色沙子 30g
颜料 少许
海星 2个
贝壳 2个
鱼 2个

香熏油（3%的量）

海风（FO）7mL

工具

方形玻璃容器
双面胶

胶状蜡的特征是透明。不使用天然精油或非蜡烛专用的香熏精油，能够防止色泽变白。如果您有喜爱的天然精油，可测试后使用。

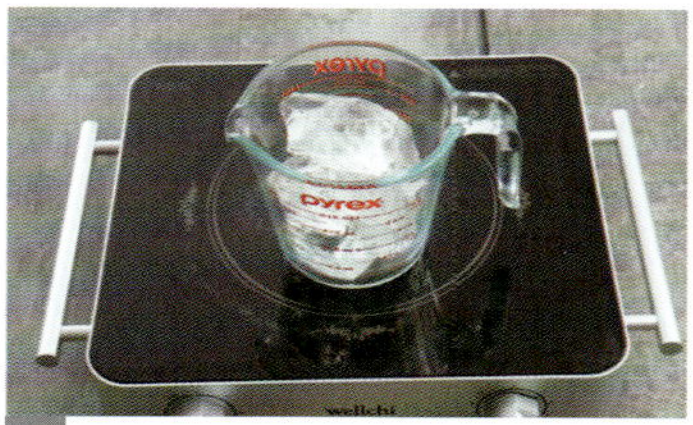

1 将胶状蜡添加进烧杯，加热使其熔化。

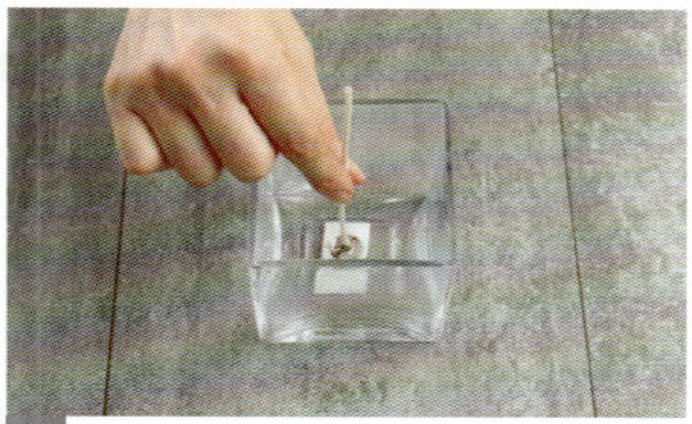

2 1熔化过程中，在蜡烛芯底座粘贴双面胶，固定在方形玻璃容器中央。

3 用彩色沙子塑造充满个性的层次。

4 在彩色沙子上摆放海星、鱼、贝壳。尽量避开蜡烛芯，避免擦出火星。

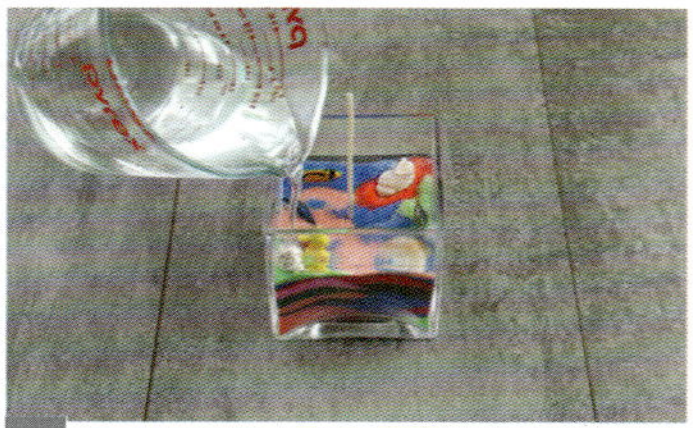

5 在熔化后的1中添加颜料及香熏油，待温度达到90~100℃时，满满地倒入玻璃容器中。

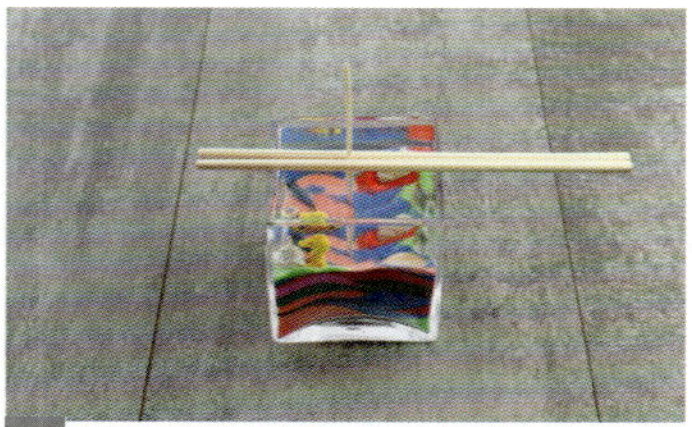

6 待表面凝固后剪裁蜡烛芯。

小贴士 若搅拌力度过大或周围温度降低，则会产生气泡，因此请轻缓搅拌或放置在温暖处。如果希望去除表面气泡，请用吹风机略微吹化表层即可。

冰激凌蜡烛

搅拌蜡能够打造出冰激凌的效果。为了使其显得更真实，您可以在表面添加丰富的点缀，这样冰激凌蜡烛看起来会更加甜美诱人哦。

难易度
略有难度
预期时间
60分钟
加热过程
有

<203g×2 分量>

主原料

石蜡141 300g
胶状蜡HP 100g
多效辅助剂（2%）6g
锌芯3号10cm 2根
红色颜料 少许

香熏油（2%的量）

香草（FO）3mL
杏仁（FO）3mL
芒果（FO）3mL

工具

木棍 1根
容器 2个
水果形状的硅胶模具
冰激凌勺
打蛋器

这里使用的是蜡烛中最为常用的石蜡141。
胶状蜡是制作装饰用品所需的原料。
添加多效辅助剂能够防止收缩，还有利于增加冰激凌的质感、维持鲜亮的色泽。

1 在烧杯中添加石蜡141及多效辅助剂，加热使其熔化。

2 准备好水果形状的硅胶模具和部分胶状蜡，在**1**中取少量石蜡141，在胶状蜡和石蜡141中分别添加颜料（预留少许），混合后倒入模具。

3 在**1**剩余的石蜡中添加香熏油，待表面略微凝固后，用打蛋器搅拌，打成奶油状。

4 用勺子或冰激凌勺将**3**中的蜡盛入容器中。

5 用木棍插出孔洞，穿入蜡烛芯。

6 在表面摆放 2 制作的“水果”点缀。

7 在剩余的胶状蜡中混合红色颜料，在 6 的表面，如同倾倒草莓糖浆一般，呈“之”字形倾倒点缀。

8 凝固后剪裁蜡烛芯。

小贴士 添加多种多样的颜料，可以制成各种颜色的冰激凌蜡烛。如果搅拌较困难，也可选择硅胶模具中的搅拌模具或勺子模具，操作更简便。

Icecream candle

古典蜡烛

这是利用水气球制作出的神奇蜡烛。用水气球代替模具，反复浸入蜡中即可制成。蜡烛大小可以根据个人喜好决定，更可以随心装扮。特别适合同孩子一起制作，如果灵活利用压花、雕刻等技艺，定能制作出充满古典、神奇色彩的蜡烛。

难易度
略有难度
预期时间
60分钟
加热过程
有

<1kg 分量>

主原料

石蜡141 1kg
石蜡120 100g
多效辅助剂 20g
锌芯 2或3号 2根
压花 少许

香熏油（0~4%的量）

青柠（FO）4mL

工具

气球 2个
胶棒
双面胶
铁板或烧杯

用石蜡141制作外壳蜡烛，而内部则使用熔点低的石蜡120填充，这样即可在内部蜡烛燃烧的同时，保持外壳蜡烛不会熔化。
在气球内填充凉水，调节到适当大小后使用即可。

1 在烧杯中添加石蜡141及多效辅助剂，加热使其熔化。

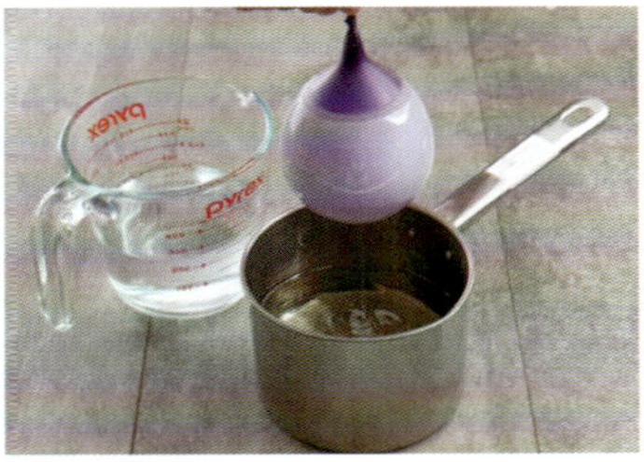

2 **1**的温度达到75℃时，浸入充水的气球约1秒钟，随后取出，反复约30次，制作外壳蜡烛。

3 **2**中制成的外壳厚度约3mm，浸泡在凉水中冷却后，将水气球扎破并取出。

4 加热铁板或烧杯，将**3**的蜡烛表面及底面熔化（使底部平整，不要熔透）后，整理干净。

5 在4的蜡烛内部，用双面胶固定蜡烛芯，将添加了香熏油的石蜡120加热后，冷却至60℃，倒入外壳蜡烛中。

6 当石蜡120基本凝固后，在外壳表面用胶棒粘贴压花装饰。

7 抓住蜡烛芯，使蜡烛浸泡一次石蜡141加以固定，避免压花脱落。

8 利用加热后的铁板或烧杯，再次熔化 **7** 的底面，使其变得平整。

9 完全凝固后剪裁蜡烛芯。

小贴士 因为气球内填充的是凉水，所以不必担心会破裂，尽可放心操作。若用尺寸更大的外壳蜡烛中，可不进行填充，而是放置茶烛使用，则可以形成灯罩般的照明效果。

桂皮驱蚊蜡烛

这款蜡烛不仅造型简洁大方，它还能散发出令蚊子难以忍受的香气，因此在炎炎夏日尤其广受欢迎。

夏日的夜晚，不要让蚊子破坏了美好的气氛，不妨来亲自投入甜美的制作过程吧。

难易度
一般
预期时间
60分钟
加热过程
有

<300g 分量>

主原料

石蜡141 100g
大豆蜡 200g
多效辅助剂 1g
棉芯2或3号 2根
颜料 少许
桂皮棒 300g
离型剂

香熏油(5%的量)

桂皮（EO）5mL
香茅（EO）5mL
薰衣草（EO）5mL

工具

铝制容器（直径3in，高4.5in）1个
木制筷子
吹风机

大豆蜡单独使用稍显稀软，配合石蜡141使用效果更佳。
桂皮棒散发自然清香，即使不制作成蜡烛，插放在杯中，也能够驱除蚊子。

1 在烧杯中添加石蜡141和多效辅助剂、大豆蜡，加热使其熔化。

2 在铝制容器内喷洒离型剂。

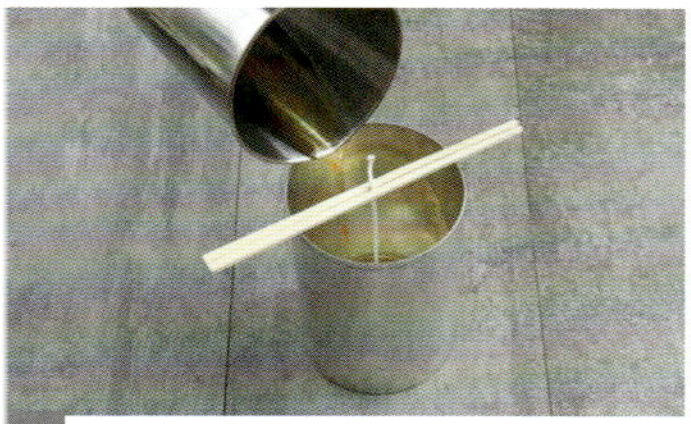

3 用木制筷子将蜡烛芯固定在中央，将1中熔化的蜡倒入容器（预留少许），高度为1cm。

4 当3的表面开始呈现白色膜状时，环绕外圈插入桂皮棒。

5 在1剩余的蜡中添加颜料及香熏油后倒入容器。

6 蜡凝固后从容器中取出，剪裁蜡烛芯，用吹风机略微吹熔表面，使桂皮棒呈若隐若现的半透明状。

花朵香熏棒

近来在家中使用香熏棒的人越来越多。但从欧洲传入的香熏棒文化，在我国尚属高消费项目，享受起来不免会感到有些负担。这里就来为您介绍使用木棒即可简单快捷地营造芬芳居家环境的方法。

难易度
非常容易
预期时间
5分钟
加热过程
无

<100mL 分量>

主原料
乙醇 100mL
木棒 7~8根

香熏油(10%)
茉莉花（FO）5mL
水仙花（FO）3mL
薰衣草（EO）2mL

乙醇有助于香气的挥发，如果您喜欢更为浓厚的香气，可仅使用香熏油。

1 在消毒后的烧杯中倒入乙醇。

2 在**1**中添加喜爱的香熏油。

3 搅拌**2**，使其均匀混合。

4 在消毒后的容器中倒入**3**，并插入木棒。

小贴士 木棒吸收香气后会自然散发香气。木棒越多，香气越浓厚，可通过木棒的数量来调节香气。

珍珠芳香剂

在珍珠中藏入香气如何呢？五彩缤纷的珠子里锁住了宜人的芬芳，是否希望无论何时您的居室都会萦绕在甜美、清爽的气息中呢？

难易度
非常容易
预期时间
40分钟
加热过程
有

<100mL 分量>

主原料
水晶颗粒（珠子）0.5g
精制水 100g
竹炭粉 少许

香熏油(6%的量)
薄荷（EO）3mL
迷迭香（FO）2mL
薰衣草（EO）1mL

水晶颗粒能够吸收多达自身重量200倍的水分，在其中添加香熏油，能够缓缓挥发。温水比凉水更易吸收。
选择香熏油时，根据目的不同，可分为书房、卧室、客厅、车辆用香味。添加如同迷迭香（FO）一类的香精，能够使香气更为持久。

1 在烧杯中添加水晶颗粒。

2 倒入约80℃的精制水。

3 添加少许竹炭粉，使其上色。

4 30分钟后，当水晶颗粒不再膨胀，变得柔软之后，添加香熏油并进行搅拌。

5 完全吸收后，倒入备好的容器中保存。

小贴士 使用有盖子的容器，能够避免灰尘及异物的污染。当水分蒸发完毕后，可添加精制水及香熏油并继续使用。可选用其他颜色的入浴剂代替竹炭粉。

驱蚊喷雾

市面销售的驱蚊剂大部分含有石油成分。化学药品由荧光物质制成，不只是对蚊虫，对人也毫无益处。那么我们来使用蚊虫忌讳的天然香料如何呢？健康、安全地度过夏季的方法就在此处哦。

难易度
非常容易
预期时间
5分钟
加热过程
有

<100mL 分量>

主原料
乙醇95% 95g

香熏油(6%的量)
香茅（EO）2mL
桉树（EO）2mL
薰衣草（EO）2mL

蚊子忌讳的香气有香茅、薰衣草、桉树、柠檬草、桂皮、玫瑰天竺葵、百里香、薄荷、茶树等。由于儿童不习惯香茅的气味，因此可以用柠檬草来代替。

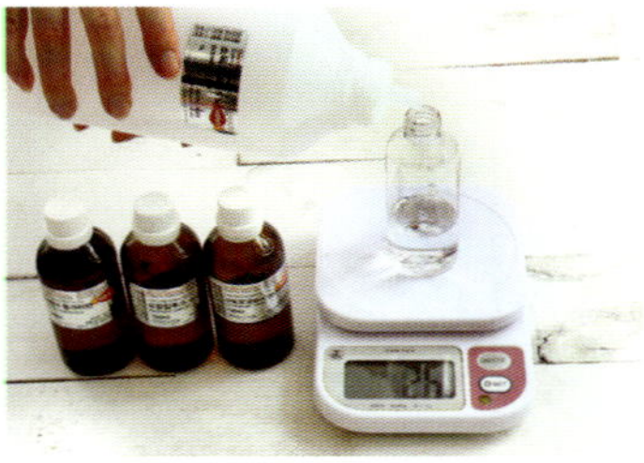

1 在消毒后的容器内倒入乙醇。

2 在1中添加天然精油。

3 左右摇晃容器使其均匀混合。

使用方法

1. 避免接触皮肤，喷洒在窗帘或被子、地毯、脚凳等表面。
2. 在野外，可喷洒在鞋子或外衣上。但由于刮风可能造成稀释，请随时喷洒。
3. 可充当消毒剂，在洗手间内喷洒能够去除异味并杀菌。

小狗除臭剂

家中养有宠物的朋友是否因为气味而时常发愁呢？不能往可爱的小狗或小猫身上喷洒人工除味剂或芳香剂，因为动物的鼻子是十分敏感的，这会令它们感到不适。因此我们尝试制作了这款无论对动物还是对人都不会有负担的天然除臭剂。

难易度

非常容易

预期时间

5分钟

加热过程

无

<250mL 分量>

主原料

乙醇95% 235g

香薰油(2%的量)

柠檬草（EO）2mL
柠檬（EO）2mL
植物杀菌素（EO）1mL

柠檬草具有抗真菌功效。
柠檬能够净化空气中的异味。
植物杀菌素具有杀菌及净化空气的功能。

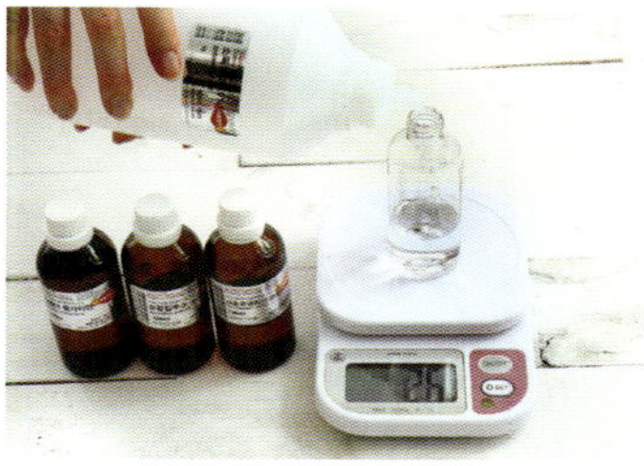

1 在消毒后的容器中计量并添加乙醇。

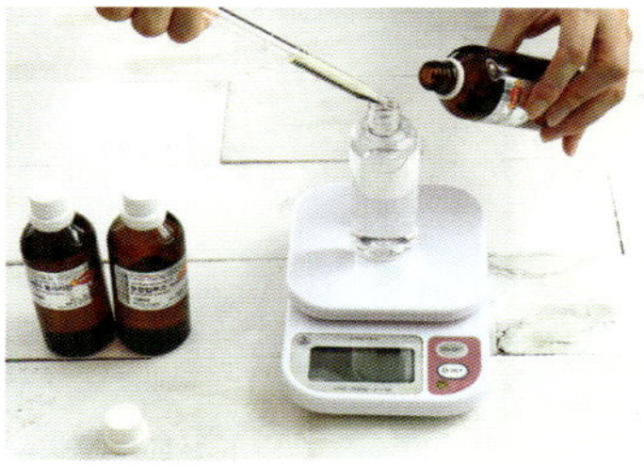

2 在1中添加天然精油。

3 左右摇晃容器，使其均匀混合。

使用方法

1. 避开人或动物的皮肤，喷洒在窗帘、地毯、脚凳等处，使空气得以净化。
2. 在清理宠物的排泄物后，喷洒在有污染处可以杀菌。

雅呵雅 家用香露

这是一款家中出现霉湿气味或从饭店归来衣服沾染异味时喷洒的家用香露。为了保持家中的清新气息，我们都渴望去除难闻的异味。人工气味也许会适得其反，不如我们来亲手制作适合自己家庭氛围的家用香露吧。

难易度
非常容易
预期时间
5分钟
加热过程
无

<250mL 分量>

主原料
乙醇95% 50g
精制水 200g

香熏油(7%的量)
雅呵雅（FO）10mL
茶树（EO）5mL
迷迭香（EO）2mL

乙醇能够充分溶解香气，并促使香气与精制水均匀混合，同时具有杀菌效果。雅呵雅（FO）香熏油属于香精，能够长久维持香气，并无其他特殊功效。茶树香熏油有杀菌功能。

1 在消毒后的容器内添加乙醇。

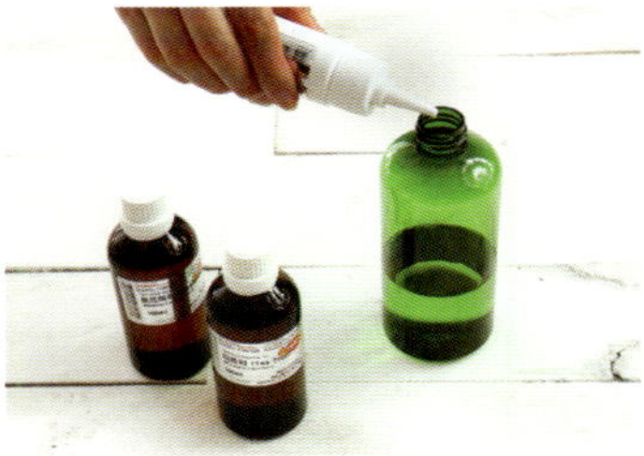

2 在1中添加香熏油。

3 在2中添加适量精制水。

4 左右摇晃容器，使其均匀混合。

使用方法
避免接触皮肤，喷洒在窗帘、地毯、床上，外出归来后喷洒在外套上，能够除螨虫、杀菌。

小贴士 也可依个人喜爱的香气灵活添加。由于混合有乙醇，请确认衣服纤维构成后再使用。

纤维柔软剂

在衣服洗涤的最后环节，我们往往添加纤维柔软剂，但由于会残留在衣物上，可能导致肌肤敏感的儿童出现皮肤问题。这里为您介绍一款有益于皮肤且芳香宜人的纤维柔软剂。

难易度
非常容易
预期时间
20分钟
加热过程
无

<1L 分量>

主原料
精制水 900g
柠檬酸 150g
有机硫黄 5g
酯油增溶剂 100g

香熏油(8%的量)
洁净纯棉（FO）50mL
茶树（EO）20mL
桉树（EO）10mL

柠檬酸是酸性物质，能够令纤维更加柔软。
有机硫黄能够缓解皮肤疾病，同时消除炎症。
酯油增溶剂是一种乳化剂，起到令油脂与水充分融合的作用。
茶树与桉树具有显著的抗菌、抗病毒功效，因此无须另外添加防腐剂。

1 在消毒后的计量容器中添加精制水和柠檬酸使其融合。

2 在计量容器内添加香熏油、酯油增溶剂、有机硫黄，均匀搅拌。

3 在1中倒入2并搅拌。

4 将3倒入消毒后的容器。

使用方法
洗涤时，在最后的漂洗环节根据水量倒入适量柔软剂。儿童衣物同样能够使用。

熔化塑形法（MP）制香皂疑难问题

Q. 皂基是由什么制成的？

A. 在椰子油或棕榈油的脂肪酸中添加甘油和苛性钠制成。主要使用软脂酸、硬脂酸等。

Q. 脂肪酸是什么？

A. 脂肪酸是构成油脂的单位。

Q. 为什么会产生气泡？

A. MP皂基本身就是香皂，加热熔化后会自然产生气泡。加入添加物进行搅拌会产生更多气泡，但喷洒乙醇后则会消失。

Q. 白色（非透明）皂基与透明皂基的差异在哪里？

A. 白色皂基是在透明皂基中添加了二氧化钛，使其变得不透明。虽然功效无明显差异，但白色皂基质地更硬，泡沫更细密。二氧化钛是石粉的一种，对人体无害，能够用于制作紫外线阻隔剂。

Q. 怎样避免分层香皂相互分离？

A. 一层凝固后一定要喷洒乙醇，接下来一层皂液在温度并不很低时倒入。乙醇能够软化下面一层香皂的表面，起到黏合剂的作用。

Q. 透明香皂变白怎么办？

A. 因添加物过多所致。请适当减少甘油及基础油。为了保持完好的透明度，以1kg香皂为基准，约加入30mL乙醇，这样能够使脂肪酸链条断裂，在凝固后维持透明度。此外，在冰箱中凝固会变白，因此请在室温下凝固。

Q. 香皂上为什么凝聚有水珠？

A. 空气中的水分受甘油牵引，凝聚在香皂表面所致。请适当减少甘油量并使用防潮剂防止此现象出现。产生水珠后，不易消失，建议重新熔化后再制作或尽快使用完。

Q. 为什么香皂中出现异味，颜色变灰？

A. 皂基由不饱和脂肪酸制成，在过高温度下操作易氧化，发出异味。因此，请在低温下慢慢熔化。

Q. MP香皂的保存期限有多久？

A. 一般是6个月至1年，在阴凉处可保存约1年。添加有鲜水果的香皂，适宜密封后冷藏保存。

冷制法（CP）制香皂疑难问题

Q. 为什么制作时香味浓厚，使用时几乎没有香味？

A. 制成的香皂没有充分散发香味的原因如下：首先，皂基的温度过高，天然精油香味容易散尽，不能长久留在香皂中。天然精油的量过少也不利于散发香味。只添加柠檬或甜橙等柑橘属的精油或属于头香的精油，则极易挥发香气，此时添加类似于薰衣草这样的中香，有助于解决该问题。此外，将天然精油与香精相混合有利于制作出功能优越、持久留香的香皂。在制作礼物香皂时使用这种方法应该更合适哦。

Q. 使用苛性钠时，温度一定要调节至45℃吗？

A. 即使油脂与苛性钠调配得并不精准也能够制成香皂。但不同季节的温差变化较大，因此调节至45℃，可以避免受到温度变化的影响，能够安全制作香皂。

Q. 为什么会突然出现稠化？

A. 很可能是由于称量出现误差，或由于失误没有掌握好苛性钠的添加量所致。此外，添加了米糠油或乳木果油之类皂化速度快的油脂时，偶尔会出现急速稠化的现象，此时缩短搅拌时间、快速加入添加物能够解决此问题。此外，用香精代替天然精油也会出现此类现象，在香精初期稠化出现时将皂液快速倒入模具即可。如果来不及，可用勺子盛出并添加进模具，在平面磕碰数次，消除气泡，并注意保温。有乙醇成分进入时也会出现快速稠化。当制作添加有啤酒或红酒的香皂时，需充分清除乙醇成分再使用。最后，当使用皂化水时，如果添加过多非精制油脂，也可能出现加速稠化，请格外留心。

Q. 为什么香皂不凝固?

A. 可能由于没有计算好苛性钠的量，计量不准确造成香皂不凝固。也可能由于制作苛性钠水溶液时，温度没有达到60℃，苛性钠的功能有所削弱，导致皂化不成功。如果添加类似橄榄油之类的富含不饱和脂肪酸的油，稠化速度慢，请用搅拌器持续搅拌至呈现黏稠状态。

Q. 为什么粉末的颜色出现变化?

A. 香皂中的碱与天然粉末相遇，易发生褐变现象。这也是天然色素的缺点。特别是百年草会发生褪色，请您注意。

Q. 为什么要保温?

A. 为了使香皂稠化，添加苛性钠，但苛性钠并非能够彻底有效地发生反应。做好保温措施，有利于剩余的化学反应有序进行，当温度上升至80~90℃，能够彻底完成皂化。如果无法维持温度，则会造成皂化不彻底，引发香皂断裂或分离现象。

Q. 完成的香皂上出现白色粉末是为什么呢?

A. 在保温时没有盖好盖子，造成表面与空气接触，产生灰粉，将其清理干净后继续使用香皂即可。灰粉是碳酸钠，对人体无刺激，无须担心。但由于影响美观，因此可以用香皂刨子削掉后使用。如果添加苛性钠过量，也会产生灰粉。

Q. 切割香皂时，是否有好办法防止其断裂?

A. 香皂如果过于干燥，切割时易断裂。苛性钠添加过量或保温不到位也容易引起断裂。准确计量用量能够有效防止该问题。此外，添加类似棕榈油、硬脂酸、乳木果油等富含饱和脂肪酸的油脂偶尔会引发断裂，适量添加不饱和脂肪酸即可。如果不便于使用，也可用作研磨皂。

Q. 香皂无法从模具中取出怎么办?

A. 添加过多类似于橄榄油这样的富含不饱和脂肪酸的香皂常会出现此类问题。可打开盖子，继续干燥一周后取出。更快捷的方法是，将模具放进冷冻室0.5~1小时，结冻后立刻拍压底部即可取出。

Q. 切割后的香皂表面不齐整是为什么呢?

A. 过稠化或没有沿着同一方向搅拌可能导致切皂的截面不平整、不美观。此外添加香精引起加速稠化也会导致此现象。

Q. 有没有避免香皂变软的方法呢?

A. 可用磁铁皂托保存香皂。

Q. 为什么在洁面香皂中出现洗涤皂的气味?

A. 天然精油易散尽香气,将头香、中香、尾香型天然精油混合使用有利于解决该问题。在1kg香皂中添加20mL以上的天然精油或约3mL的香精为宜,但此时易出现加速稠化,必须在初期稠化出现时快速操作。

Q. 有什么方法能够令香皂质地更硬呢?

A. 提高椰子油、棕榈油的比例,也可添加约5g的高岭土或珍珠粉来调节硬度。超脂时请依照定量使用。

Q. MP香皂和CP香皂保质期有差别吗?

A. MP香皂添加物需超脂添加,保存期限非常短。但CP香皂在皂化前首先添加所有原料再完全皂化,因此保存期限有所延长,苛性钠有充当保存剂的作用。

Q. 制作完成香皂后是否应尽快使用完?放置时间过久,质感会发生变化吗?

A. 不是。CP香皂保存时间越久,泡沫会越细密,保湿力会有所提高,使用时更为柔和。在欧洲,保存时间越久的香皂销售价格越高。

Q. CP香皂应该怎样保存呢?

A. 密封后放置于阴凉干燥处保存。夏季添加防潮剂调节湿度为宜。

热制法（HP）制香皂疑难问题

Q. 有什么提高HP透明皂透明度的好方法?

A. 甘油、白糖、乙醇等有助于提高透明度，在基础油中类似乳木果油这样的固体油脂，添加过多会使透明度降低。此外，在操作时减少乙醇的挥发时间，降低操作间的湿度，延长间接加热的时间，都有助于提高透明度。

Q. 用皂化水能够制作HP透明皂吗?

A. 可以。添加油脂量的43%~45%即可以操作。但与苛性钠相比，透明度会略有降低。其他添加物可照常添加。

Q. 一定要间接加热吗?

A. 虽然不用间接加热也可以，但要保持操作温度在70℃以上。此外，透明度可能会略微降低。为了彻底皂化，才进行间接加热，如果不使用间接加热，则熟成时间最好延长至4周。

Q. 怎样防止HP透明皂收缩呢?

A. 香皂中的水分及乙醇挥发会引起收缩，在制定配方时，虽然适量减少水分及乙醇的量会对防止收缩有所改善，但收缩程度还是大于CP香皂。完成的香皂不立即切割，而是干燥2周后再切割，并用保鲜膜包裹，有助于减少收缩。

Q. 稀释香皂膏时为什么表层会变白?

A. 基础油没有完全皂化会出现白色，在制作时将苛性钾加量能够避免此问题。如果觉得不美观，可以用滴管去除白色部分。

Q. HP香皂的保存期限有多久?

A. 液体皂、洗面奶皂膏不稀释可保存2~3年。如果稀释，稀释水进行了防腐处理，6个月之内用完为宜。透明皂可保存1~3年。

Q. HP香皂内一定要添加增黏剂吗?

A. 液体皂中添加的水上层添加物是为防止时间久了香皂分离，使用时需先摇匀或添加增黏剂（如谷氨酸盐）。添加增黏剂为建议事项并非必需事项。

Q. 与干性皮肤相比，透明皂更适用于油性皮肤吗?

A. 与CP香皂相比，透明皂保湿力较弱，但通过调节甘油的量可提高保湿力。由于使用质感清爽，深受油性皮肤人群的喜爱，但并非仅适用于油性皮肤。

香熏精油化妆品
疑难问题

Q. 一定要添加防腐剂吗?

A. 天然原料营养丰富，易氧化及腐败。因此，必须添加维生素E及天然防腐剂。

Q. 应该怎样保存呢?

A. 含天然防腐剂的产品比含对羟基苯甲酸酯之类的合成防腐剂的产品保质期短，制作过程中没有灭菌环节，因此需要冷藏保存。冷藏保存可使用1~3个月。

Q. 冲泡后的香草茶水能够代替花露水吗?

A. 香草茶水使用精制水冲泡后，由于无法完全去除渣滓，或消毒欠佳，容易快速酸败。与花露水相比，使用期限短，适宜在1个月内使用完毕。

Q. 花露水是如何制作的?

A. 采用水蒸气蒸馏法从天然精油中提取出的水，也叫“纯露”。其中提取自花朵的叫花露水。

Q. 为什么润肤露出现了分离?

A. 这是仅用勺子进行乳化或乳化剂的量不足时出现的现象。如果添加物的量比配方的规定量多，会降低乳化力，也会导致出现分离。此外，不使用化妆品搅拌器，油脂没有完全乳化，也会引起分离。因此，请使用搅拌器进行平稳乳化。这样颗粒会更小且更分散，使用质感轻盈爽快。

Q. 爽肤水为何变白?

A. 油脂与水相遇会分层，此时添加促溶解剂橄榄液并均匀搅拌。那么本来清澈的水会变白，这属于自然现象。

Q. 化妆品乳化剂也被称作表面活性剂，可以使用吗?

A. 乳化剂的作用是将水与油脂相融合，属于表面活性剂的一种。表面活性剂分为天然和合成两类，天然化妆品所使用的是天然成分、低刺激性原料，可以放心使用。

Q. 怎样确认是否发生变质?

A. 当表面出现褐变或味道与最初使用时差异较大，很可能是发生了变质，请终止使用并丢弃。

Q. 化妆品质地黏稠，装不进容器怎么办?

A. 过度搅拌或乳化剂量过多所致。过度搅拌时用肉眼无法辨认黏度，用勺子或搅拌器搅拌2~3分钟后，放入凉水冷却，把握乳化状态即可。无法倒入容器时，可利用挤花袋或注射器，如果没有工具，可添加2~3滴橄榄液，略微搅拌后能够变得较稀软。

蜡烛制作疑难问题

Q. 石蜡为何标注有数字呢?

A. 数字表示熔化的温度，以华氏温度t_F标注，换算成摄氏温度t的公式是：$t=(t_F-32)\times5/9$。例如，石蜡141，熔化温度为141℉，（141–32）×5/9=60.5（℃）。石蜡一般在58℃左右熔化，所得出的熔点与之相近。

Q. 石蜡的原料是什么呢?

A. 石蜡是提炼石油时的副产物。

Q. 普通基础油也能够做蜡烛吗?

A. 虽然能够燃烧，但烛泪较多，不建议使用。

Q. 大豆蜡为何比石蜡的火焰小?

A. 植物蜡大豆蜡与棕榈蜡的蜡烛芯吸取并提升液体的能力弱，因此火焰小。所以应选取厚度比石蜡所用蜡烛芯大1~2号的蜡烛芯使用。

Q. 蜡烛为什么难以从模具中取出?

A. 若使用前在模具中喷洒离型剂，则有利于分离。使用硅胶之外的其他容器，请务必使用离型剂。不容易分离时，在模具表面加温，蜡烛略微熔化后即可取出。也可以使用吹风机。

Q. 没有离型剂怎么办?

A. 离型剂是硅胶油，如果没有，可涂抹普通基础油，但比离型剂的效果要差些。

Q. 可以用微波炉熔化蜡吗?

A. 蜡在微波炉中不易熔化，请使用电陶炉熔化。但熔化少量熔点低的石蜡120或大豆蜡时也可使用微波炉。

Q. 熔化的烛泪可以再次利用吗?

A. 可以，但由于已经燃烧过，所以火焰较弱或烟气较大。

Q. 凝固后的蜡烛能够重新熔化并使用吗?

A. 可以。只需再添加适量香熏油即可制成新的蜡烛。

基础油

1. 杏仁油
不油腻，具有柔肤功效，富含维生素E。可增强皮肤的弹力与光泽度，清洁、卸妆效果显著，适用于敏感部位及皮肤。

2. 蓖麻油
黏度和保湿力佳。可用于制作洗发水，能够影响HP香皂的透明度。具有刺激性，敏感肌肤慎用。

3. 椰子油
具有丰富的泡沫和超强清洁力，令香皂质地更硬。饱和脂肪酸含量高，不易引发酸败，但甘油排出量小，使用多易引起皮肤干燥。能够改善发质，因此常用于洗发水中。

4. 橄榄油
泡沫少且细密、柔和，保湿力强。使用橄榄油的有卡斯蒂尔香皂和马赛香皂，泡沫丰富且硬度适中的马赛香皂更适合亚洲人。

5. 摩洛哥坚果油
能令皮肤柔软、富有弹性，对于预防皮肤干燥、老化等问题效果显著，且吸收快，不油腻。

6. 葡萄籽油
含有高浓度亚麻酸，具有保湿及供给营养的效果。具有抗氧化功效，油脂少，适合油性肌肤使用。

7. 荷荷巴油
与人体的油脂成分相似，适用于所有肤质。能够改善皮炎、粉刺、干燥症、敏感症。对头发、头皮、手指甲也有益。

8. 琼崖海棠油
含有非类固醇成分香豆素，能够缓解皮肤问题，吸收速度快。

9. 棕榈油
令香皂硬度加强。泡沫细密，皂化过程中甘油产生量小。

10. 葵花籽油
含有细胞构成成分卵磷脂，防止产生粉刺，适用于油性皮肤。含有亚麻酸及必需脂肪酸。

11. 甜杏仁油
清洁效果强，富含维生素、矿物质。作为多功效的润肤露使用，属于与橄榄油相似的油酸。

12. 小麦胚芽油
富含蛋白质、维生素B_1、膳食纤维，促进肌肤胶原蛋白、弹力蛋白的生成，令皮肤紧致、闪耀光泽。保湿性强，黏度高，有皮炎及干性皮肤者可用。如果化妆品中添加过多，容易油腻。

13. 山茶油
含有油酸，具有抗氧化作用，治疗皮炎

等功效显著。也用于洗发饼中，无油腻感。

14. 鳄梨油

富含蛋白质及氨基酸，具有肌肤保湿功效。富含维生素A、维生素D、维生素E，促进皮肤再生、舒缓肌肤，适用于敏感性肌肤。激发胶原蛋白，同样适用于洗发饼。

15. 菜籽油

具有高保湿功效，令香皂更为柔和。富含不饱和脂肪酸及油酸，皂化速度慢，属于较为湿软的类型。

16. 月见草籽油

能够舒缓皮肤、治愈伤口、缓解干燥症。它所含的人体必需脂肪酸形成表皮防护膜，对皮炎及湿疹有显著疗效。

17. 金盏花油

具有促进伤口愈合和细胞再生、抗炎症的功效，能够有效治疗伤口、皮炎、皮肤干燥，常用于制成软膏或药膏。作为浸泡油，在香皂中主要超脂使用。

18. 玫瑰果油

能够有效防止肌肤产生皱纹和衰老。涂抹在干燥的皮肤上或皱纹较多的眼睛周围，效果尤为显著。

19. 绵羊油

提取自羊毛中的油脂，保湿效果超强。能够改善皮疹及茧子，使用量占总油脂量的2%~4%为宜。也可添加进洗发饼。

20. 米糠油

富含维生素E及矿物质。能够预防老化，具有保湿功效，能够缓解瘙痒症。皂化速度快。

21. 红花籽油

保湿效果强。由于含亚麻酸，使得皂化速度缓慢。

22. 乳木果油

保湿效果强，具有柔和、丰富的泡沫。使用量占总油量的2%~5%。超脂使用。

推荐基础油

•洗发饼

橄榄油、荷荷巴油、蓖麻油、山茶油、鳄梨油、绵羊油

•清洁用品

杏仁油、甜杏仁油

•皮炎皮肤

月见草籽油、金盏花油、荷荷巴油、山茶油、鳄梨油、小麦胚芽油、乳木果油、绵羊油、橄榄油、琼崖海棠油

各类添加物

1. 石泥

能够清除过多的油脂和灰尘，帮助吸收水分。

绿细泥：深入皮肤深层，有利于油性皮肤，常用于洗面奶中。

粉红石泥：具有抗衰老效果，适用于所有肤质，常用于护发素中。

红石泥：适用于干燥或敏感性皮肤。含有氧化铁，能够促进肌肤再生。

膨润土：在剃须时使用，使皮肤柔润。具有高保湿力。

高岭土：有益于干性皮肤，具有收缩毛孔的功效。

黄石泥：适用于所有肤质，为皮肤补充生机与活力。

白石泥：有益于敏感性肌肤，可有效防止老化。

2. 药材

蓖麻子：具有收缩毛孔、增强皮肤弹力的功效。

燕麦片：具有美白、提供营养、去除角质的功能，适宜敏感性皮肤。无刺激，适合所有肤质。

银杏：含卵磷脂及维生素D，适用于血液循环不好的问题肌肤，能够促进血液循环，排除代谢物。能有效治疗溃脓性粉刺，能够收缩扩张的毛孔，改善鱼尾纹。

薏米：富含碳水化合物、蛋白质、无机质、必需氨基酸。令皮肤更显光泽，具有美白、改善粉刺等功效，适用于过敏性皮肤，具有消炎功能。能够预防水瘊子(一种传染性软疣)。

板栗壳：增强皮肤弹力，所含单宁酸能够收缩粗大的毛孔。具有美白及补充营养的功效。

人参：改善皱纹，使老化的肌肤恢复弹力。

当归：具有抗衰老、促进肌肤再生、增强肌肤弹性、排除化妆品毒素等功效。能够有效改善粉刺性皮肤、细纹皮肤。

百年草：具有保湿、去除角质的功效，令肌肤更加清爽洁净。

杏仁：能够有效预防痣、雀斑、疤痕、细纹，具有美白及增强肌肤弹力的功效。

南瓜：具有超强保湿功效，令皮肤更显水润。

芦荟：具有消炎、抗菌、淡化伤疤、保湿的功效。

黄土：能够放射大量远红外线和负离子，令肌肤更为水润、富有弹力。能够吸附代谢物，适宜油性、粉刺性、皮炎性皮肤。

玄米：能够缓解由于化妆品毒素引起的皮肤灼痛，缓和皮肤炎症，保湿效果好。

海藻：具有解除重金属中毒、舒缓肌肤及保湿、美白功效，保湿效果强。

甘草：具有消炎、舒缓肌肤的效果，对过敏性皮肤有排毒功效。能够促进细胞再生，改善粉刺，适宜敏感性皮肤。

黑芝麻：能够抗衰老，为干性肌肤及头皮提供营养。

枸杞子：有效抗衰老，为肌肤提供营养，有效改善皮肤潮红、雀斑。

绿豆：具有清洁皮肤、排毒、美白、供给营养、收缩毛孔的功效，能够改善过敏性皮肤炎。

绿茶：具有显著的杀菌效果，增强皮肤弹力。具有收缩毛孔、抗衰老、美白功效。适宜粉刺性皮肤。

海带：适宜油性、粉刺性、易晒黑等类型的皮肤，同时能够为头发提供营养。

荞麦：能够有效吸收油脂、去除角质。特别适宜油脂多但水分不足的油性皮肤。

米糠：能够在提供营养的同时通过磨砂去除角质，有效改善干性皮肤和老化皮肤。富含维生素A、B族维生素、铁、磷、矿物质等营养成分，尤其富含能够维护嘴唇、眼睛周围黏膜的B族维生素以及令肌肤更加靓丽的维生素E。具有清洁功效，在没有香皂的时代，人们用米糠来洁面。普通香皂为了肌肤保湿，而清洗掉所有油脂，反而使皮肤变得干燥、粗糙，但米糠中含有脂类成分，能够令皮肤更为细腻光滑。

三白草：治疗炎症、促进皮肤再生，具有排毒、舒缓肌肤、防治粉刺等功效。能够改善皮肤潮红、敏感等症状。含有钾盐成分，令肌肤柔嫩，所含芦丁、氨基酸、糖类等具有坚固毛细血管、抗菌、促进肌肤再生等效果。能够有效治疗粉刺、皮肤潮红。

木炭：能够调节皮脂分泌、吸附并去除皮肤深层各种代谢物。具有排毒及促进皮肤循环的作用、维持弹力及正常新陈代谢，使肌肤健康、洁净。消除活性酸素，防止肌肤老化。

鱼腥草：能够排毒，具有显著促进肌肤再生、舒缓肌肤的功效。可去除化妆品毒素，改善粉刺、皮炎等炎症性皮肤疾患。

紫草：具有抗菌功效，促进血液循环，改善疹子、粉刺等。

珍珠：维持皮肤弱酸性，提高皮肤免疫力，抗衰老。具有保湿效果，促进血液循环、细胞再生，具有美白、清洁功效，令肌肤更为洁净而富有光泽。

栀子：能够舒缓皮肤，抑制真菌。具有消炎、止热功效。

红灯笼辣椒：维生素C的含量比西红柿多5倍以上，比柠檬多2倍。对皮炎有疗效。

红豆：能够清洁肌肤、排毒，具有美白、深层清洁的功效。能有效去除黑头并保湿。

何首乌： 激活人体机能，令头发乌黑亮丽、面部光泽莹润。多用于洗发水中。

3. 功能性添加物

保湿剂： 甘油、透明质酸、百年草保湿剂、β-葡聚糖、Lipidure（磷脂质聚合物）、芦荟凝胶、天然甜菜碱、山梨糖醇。

爽肤水用乳化剂： 橄榄液、酯油增溶剂、蒙旦蜡L。

润肤露及润肤霜用乳化剂： 橄榄蜡、乳化蜡、蒙旦蜡68、米糠蜡、大豆卵磷脂、十六十八醇、鲸蜡醇。

增黏剂： 谷氨酸盐、瓜尔胶、黄原胶、明胶、蜂胶、堪地里拉蜡、木质纤维素。

皮肤弹力素： EGF（表皮细胞生长因子）、辅酶Q10、胶原蛋白、弹力蛋白、植物性胎盘、视黄酸。

美白剂： 熊果素、桑白皮、植物美白剂、西施玉容散。

天然色素： 紫草根浸泡油、栀子黄色素、栀子蓝色素、竹炭。

4. 保存剂

有效防止天然香皂和化妆品的酸败或腐败。

维生素E： 作为抗氧化剂，能够防止皮肤老化。以1kg香皂为基准，添加5~10g，约占化妆品总量的1%。

迷迭香油提取物： 强力抗氧化剂，抗氧化能力达到维生素E的5倍以上。100mL化妆品中添加5滴左右。

西柚籽提取物： 作为天然防腐剂，能够有效防止霉菌和细菌滋生。通常添加总量的1%左右。在使用了芦荟凝胶的产品中，如使用西柚籽提取物，其黏度会有所降低，故应避免使用。

蜂胶： 具有强效抗生剂的功效，抗菌性显著。添加总量的0.5%左右。

韩方保存剂： 从韩方原料中提取的具有防腐性能的成分，适合所有形态的产品。具有抗病毒、抗细菌效果，添加总量的2%左右。

天然保存剂： 具有抗病毒、抗细菌功效，添加总量的2%左右。

天然精油（Essential Oil）

1. 何为天然精油？
100%纯天然油脂，具有各种特色功效。
提取自植物的花朵、叶子、果实、根部、茎。
挥发性强，与水不相溶，但能够溶解于油脂或乙醇。
用于身体按摩等情况，请务必稀释后使用。
添加香皂总量的1%~3%。

2. 提取自不同部位的油脂的种类及功效

提取部位	功效	对应的天然精油
花朵	催情，治疗泌尿和生殖器官疾病	茉莉花、玫瑰、香水树、橙花
叶子、茎	排毒，治疗呼吸系统、免疫器官疾病	迷迭香、薰衣草、桉树、马郁兰、茶树、广藿香等
果实、籽	排毒、利尿、促进血液循环	杜松子、茴香、黑胡椒
枝干	杀菌，治疗呼吸器官疾病	乳香、没药、安息香
树	治疗泌尿、生殖器感染，有助于身心舒缓，抗压力	香柏木、花梨木、檀香木
根部	治疗神经系统疾病，镇定、舒缓	香根草、姜、当归
柑橘属植物的皮	消除压力，作用于消化器官	橘子、柠檬、佛手柑、甜橙、葡萄柚

3. 天然精油混合
根据不同目的，将一定量的头香、中香、尾香进行混合搭配出新的香型，关键在于使香气持久。

香	使用比率	特征	代表种类
头香	45%	挥发性及渗透性强，混合后最先散发香气	柑橘属（橙子、柠檬等）
中香	45%	散发柔和、饱满且温暖的香气，起到均衡作用	薰衣草、花梨木、天竺葵、洋甘菊、玫瑰草、迷迭香等
尾香	10%	起到镇定、舒缓的功效，能够持久维持香气	茉莉花、玫瑰、檀香木、安息香、乳香、广藿香等

4. 花露水

天然精油在蒸馏过程中获得的副产物，起镇定、收敛、消炎作用。

香精（Fragrance Oil）

香精是指利用各种化学成分制成的合成香。价格低廉、香型丰富，但对敏感肤质会造成刺激。极其昂贵的天然精油可使用香精来代替。香精中能够添加进食物的称为香熏精油，实际没有味道，主要用于唇膏中。

浸泡油（Infused Oil）

香草或中药的有效成分浸泡于特定的油脂中而得到浸泡油。香草或中药在普通油脂中浸泡4周左右后捞出使用。相对坚硬的香草，类似花朵这样柔软、轻薄的香草更易浸泡，这样的香草须放置在窗边，每周更换一次，较为烦琐。

代表性的浸泡油有：将干金盏花浸泡入荷荷巴油4周后所得到的金盏花浸泡油，将紫草根浸泡入葵花籽油4周后所得到的紫草根浸泡油等。

不同肤质适用的原料

皮肤问题	天然精油	基础油	添加物
粉刺	薰衣草、佛手柑、柠檬草、桉树、洋甘菊、广藿香、茶树	荷荷巴油、葡萄籽油、葵花籽油、金盏花油、琼崖海棠油、火麻仁油、紫云膏浸泡油、紫草根浸泡油、印楝浸泡油	绿细泥、粉红石泥、汤之花、鱼腥草、三白草、竹炭、甘草、茶树、金盏花、印楝、木炭、黄土、透明质酸、绿茶、芦荟
油性	薰衣草、柠檬、丝柏、桉树、香水树、薄荷、天竺葵、迷迭香		
干性	橙花、花梨木、檀香木、德国洋甘菊、玫瑰草、薰衣草、香水树、乳香	荷荷巴油、牛油果油、乳木果油、可可黄油、蓖麻油、小麦胚芽油、摩洛哥坚果油、橄榄油	粉红石泥、红石泥、白石泥、黄石泥、膨润土、百年草、透明质酸、甘油、β-葡聚糖、绿茶、芦荟、色木槭
皮炎，敏感性	薰衣草、洋甘菊（罗马、德国）、香蜂花、天竺葵、佛手柑、乳香、茶树	荷荷巴油、月见草籽油、金盏花油、山茶油、牛油果油、小麦胚芽油、乳木果油、橄榄油、摩洛哥坚果油、琼崖海棠油、紫云膏浸泡油、火麻仁油、紫草根浸泡油	汤之花、鱼腥草、三白草、竹炭、甘草、洋甘菊、金盏花、透明质酸、百年草、β-葡聚糖、绿茶、芦荟、神经酰胺、黄芩、色木槭
老化	橙花、花梨木、乳香、没药、檀香木、天竺葵、葡萄柚、玫瑰、茉莉花	玫瑰果油、月见草籽油、小麦胚芽油、摩洛哥坚果油、芝麻油、紫云膏浸泡油	红石泥、白石泥、粉红石泥、辅酶Q10、EGF（表皮细胞生长因子）、胶原蛋白、芦荟
痣、色素沉淀	柑橘属（葡萄柚、橘子、柠檬、橙子等）	根据皮肤类型选择	熊果素、维生素C、桑白皮、绿茶、色木槭、杏仁、红豆
茧子	橘子、广藿香、薰衣草、葡萄柚	乳木果油、绵羊油、可可黄油、荷荷巴油、玫瑰果油	透明质酸、胶原蛋白、EGF、芦荟
脚气	薰衣草、柠檬草、丁香花苞、茶树、迷迭香	与粉刺性皮肤相同	与粉刺性皮肤相同
面色发黄	柑橘属、迷迭香、桉树、马郁兰、杜松子	杏仁油、甜杏仁油、荷荷巴油等，或根据皮肤类型选择	银杏、红石泥、迷迭香
脱发、头皮屑	花梨木、香水树、广藿香、迷迭香、鼠尾草	荷荷巴油、橄榄油、蓖麻油、山茶油、牛油果油、绵羊油、摩洛哥坚果油、印楝油	墨西哥辣椒、银杏提取物、海娜、何首乌、菖蒲、荨麻、绿茶、芦荟

各类精油皂化价

油脂	苛性钠皂化价	苛性钾皂化价
椰子油	0.183	0.257
棕榈油	0.142	0.199
葡萄籽油	0.1265	0.177
蓖麻油	0.1286	0.18
火麻仁油	0.1345	0.1883
橄榄油（纯净）	0.134	0.1876
橄榄油（特级初榨）	0.133	0.188
葵花籽油	0.134	0.1876
菜籽油	0.133	0.186
可可黄油	0.138	0.194
花生油	0.136	0.1904
小麦胚芽油	0.13	0.183
杏仁油	0.135	0.189
绵羊油	0.076	0.106
山茶油	0.139	0.195
月见草籽油	0.135	0.19
绿茶籽油	0.137	0.192
印楝油	0.139	0.195
米糠油	0.128	0.179
甜杏仁油	0.136	0.1904
夏威夷坚果油	0.139	0.195
玫瑰果油	0.133	0.187
大豆油	0.136	0.191
芒果黄油	0.137	0.192

续表

油脂	苛性钠皂化价	苛性钾皂化价
黑芝麻油	0.134	0.188
棉花籽油	0.138	0.194
硬脂酸	0.148	0.208
猴面包油	0.143	0.202
乳木果油	0.128	0.179
蜂胶	0.069	0.9666
榛果油	0.1356	0.1898
荷荷巴油	0.069	0.1966
红花籽油	0.136	0.1904
白芒花籽油	0.12	0.169
玉米油	0.136	0.1904
肉豆蔻酸	0.176	0.247
猪油	0.141	0.198
玻璃苣油	0.1357	0.19
樱桃籽油	0.135	0.19
咖啡黄油	0.128	0.18
亚麻籽油	0.135	0.1883
貂油	0.14	0.196
核桃油	0.135	0.189